Ronald Hanisch
Das Ende des Projektmanagements

Ronald Hanisch

Das Ende des Projektmanagements

Wie die Digital Natives die Führung übernehmen und Unternehmen verändern

Bibliografische Information der Deutschen Nationalbibliothek
Die Deutsche Nationalbibliothek verzeichnet diese Publikation in der Deutschen
Nationalbibliografie; detaillierte bibliografische Daten sind im Internet über
http://dnb.d-nb.de abrufbar.

ISBN 978-3-7093-0509-6

Es wird darauf verwiesen, dass alle Angaben in diesem Werk trotz sorgfältiger Bearbeitung
ohne Gewähr erfolgen und eine Haftung des Autors oder des Verlages ausgeschlossen ist.

Umschlag: buero8
Satz: Strobl, Satz·Grafik·Design, 2620 Neunkirchen

© LINDE VERLAG Ges.m.b.H., Wien 2013
1210 Wien, Scheydgasse 24, Tel.: 01/24 630
www.lindeverlag.de
www.lindeverlag.at
Druck: Hans Jentzsch u Co. Ges.m.b.H.
1210 Wien, Scheydgasse 31
1

Inhalt

Das Ende des Projektmanagements

Vorwort

Digital Natives kennen keine Berührungsängste im Umgang mit Computern, Internet, Smartphones und Pads. Funktion und Bedienung lernen sie nach dem „Trial-and-Error"-Prinzip schon von frühauf als Kids bei Computerspielen. In den virtuellen Welten geht es um Action und schnelles Handeln, oft verbunden mit hoher Risikobereitschaft, um die Aufgaben zu lösen und das Ziel zu erreichen. Das Filtern und die Selektion der relevanten Informationen und die entsprechenden Reaktionen darauf müssen in Kurzzeit erfolgen.

Multitasking ist angesagt, aber das ist kein Problem für die Generation Net: Facebook Updates posten, SMSen, private und berufliche E-Mails beantworten, dabei gleichzeitig noch im Web surfen und Musik hören, meist mobil via Smartphone und Pad. Komplementäres und synchrones Benutzen mehrerer miteinander vernetzter Geräte (z. B. Pad und Smartphone oder TV und Pad) liegen im Trend. Smartphones, Tablets und Pads sind nicht mehr bloß Arbeitsgeräte, sondern zu alltäglichen Gebrauchsgegenständen geworden, die man einfach hat und die für alle erdenklichen Zwecke eingesetzt werden und alle Lebensbereiche durchdringen.

Die Konvergenz von Geräten, Medien und Inhalten spiegelt sich auch in der voranschreitenden Auflösung der Grenzen zwischen Beruf und Freizeit wider. Private und berufliche Identitäten verschmelzen in den Social Media und Informationen prasseln über verschiedene Kanäle auf uns ein. Digital Natives sind immer und überall online und „connected" mit der virtuellen und realen Community und dabei auch noch überaus kreativ mit einem gewissen Hang zum Narzissmus, was sich in ständig aktualisierten Facebook-Profilen, professionellen Blogs bis hin zu Video-Produktionen manifestiert.

Die Anzahl der „Gefällt mir"-Klicks und Kommentare auf Postings gelten als unmittelbare Gratifikation für Aktivitäten und Erfolge und sind Ausdruck der Anerkennung durch die Community. Fast alles wird mit der Community geteilt, und mittels „Crowdsourcing" wird das Netzwerk direkt zur Problembewältigung und -lösung eingesetzt. In dieser „Sharing Economy" wird Teilen und Tauschen wichtiger als Besitzen, weil es nicht nur das Netzwerk erweitert, sondern auch ökonomisch sinnvoll ist.

Projekte sind soziale Systeme, in denen Kommunikation und vernetztes Denken und Handeln eine hohe Priorität haben. Ähnliches gilt für Social

7

Media. Digital Natives erscheinen als die vielsprechenden „High Potentials", welche als künftige Führungskräfte in Unternehmen alte Denkmuster und Hierarchien über Bord werfen und innovative und erfolgreiche Wege bei der Bewältigung von Aufgaben und Projekten beschreiten.

Doch wie wirkt sich die digitale Reizüberflutung auf die Aufnahme-, Konzentrations- und Problemlösungsfähigkeit und auf das Zeitmanagement aus? Welche Folgen hat eine erhöhte Risikobereitschaft auf den wirtschaftlichen Erfolg eines Unternehmens? Wo liegt die Grenze zwischen offener Kommunikation und der Bekanntgabe von Unternehmensdaten?

Auf der einen Seite machen die neuen Technologien viele Aufgaben einfacher, doch auf der anderen Seite werden Prozesse dadurch auch komplexer. Zudem erhöhen sich der Zeit- und Erfolgsdruck durch den globalen Wettbewerb und die wirtschaftliche Depression. Die Anzahl der Projekte in Unternehmen wächst ständig bei oft gleichzeitigem Personalschwund. Für eine ausführliche Projektplanung bleibt oft zu wenig Zeit, was sich bei der Umsetzung mitunter rächt. Die etablierten Projektmanagement-Methoden wie zum Beispiel Projektstrukturpläne, Balken- und Budgetpläne, Risiko- und Umweltanalyse sollen sicherstellen, dass die Projektziele erreicht werden, ohne dabei die verfügbaren Ressourcen – allen voran Zeit und Kosten – zu überschreiten.

In der Praxis weicht die Umsetzung meist vom geplanten Projektablauf ab und im schlimmsten Fall scheitern Projekte gänzlich, was in der Folge Auftraggeber wie auch Projektmitarbeiter gleichermaßen frustriert.

In den 1980er Jahren erklärte man das Scheitern von Projekten mit einer schlechten Projektplanung, in den 1990er Jahren suchte man die Ursachen in qualitativen Faktoren wie dem Kommunikationsverhalten der am Projekt beteiligten Personen, in den 2000er Jahren machte man mangelhaftes Risikomanagement verantwortlich. Das vorliegende Buch proklamiert nun das Ende des Projektmanagements, weil die etablierten Methoden und Tools für die Digital Natives nicht mehr adäquat sind.

Zweifelsohne ermöglichen und erfordern die neuen Technologien und Anwendungen neue Managementfertigkeiten und -methoden. Die jüngeren Generationen werden Probleme auf eine andere Art lösen als ihre Vorgänger. Inwieweit sie damit erfolgreich sind, werden wir erst rückblickend feststellen können. Die Zukunft bleibt jedenfalls spannend, und die Digital Natives hinterlassen bestimmt nicht nur digitale Fußspuren.

Prof. (FH) Mag. Christian Maurer
Professor für E-Tourismus im Studiengang Tourismus und Freizeitwirtschaft
IMC Fachhochschule Krems

Einführung

Die meisten Projekte funktionieren nicht. Sie dauern zu lange, sie sprengen das geplante Budget, haben unklare Zielvorgaben oder versanden. Sie verschleißen die besten Mitarbeiter, werden zum Zankapfel zwischen Linienstruktur und Projektorganisation, und manchmal schlingern sie so lange von Krise zu Krise, bis ihr ursprünglich angepeiltes Ziel obsolet geworden ist. Dabei gilt: Je enger der Zeitplan, je knapper das Budget, je herausfordernder die Qualitätsanforderungen, desto sicherer geht der Projektplan nicht auf.

Woran liegt das? Gibt es nicht heute sichere und professionelle Methoden der Projektsteuerung? Sind diese Methoden nicht bekannt? Werden sie nicht konsequent eingesetzt? Oder funktionieren sie nicht, weil die Vorstellung einer präzise vorgeplanten, strukturiert und rational ablaufenden Projektarbeit eigentlich aus der Frühzeit der Industrialisierung stammt – und heute überhaupt nicht mehr greifen kann?

Führungskräfte alter Schule wissen auf diese Fragen häufig keine Antwort. Anders die junge Generation, denen Trendforscher das Etikett „Y" aufgeklebt haben. „Y" steht für „why?", weil man den nach 1980 Geborenen nachsagt, sie würden alles und jeden, vor allem aber alte Managementweisheiten gerne in Frage stellen. Der Buchstabe steht auch für die Nachfolge-Kohorte der Generation X. (Zu Sinn und Unsinn dieser Klassifizierungen später mehr.)

Nach der Vorstellung der gestandenen Führungs-Elite ist die junge Generation der Führungskräfte quasi *im* Internet geboren und dort auch gleich aufgewachsen. Entsprechend misstrauisch werden die Digital Natives von den Digital Immigrants beäugt.

Als Experte für Prozessoptimierung habe ich in der Automobilindustrie schon in zahlreichen Projekten mit der neuen Generation zusammengearbeitet. Und ich muss sagen: Sie wird von den Älteren zu Recht beobachtet. Denn sie macht vieles richtig.

Die Generation Y löst die Probleme des herkömmlichen Projektmanagements auf, indem es die etablierten Methoden gerade nicht noch einmal verfeinert, ergänzt, neu definiert, strenger auslegt. Im Gegenteil: Sie verabschiedet sich vom Scheitern der Projekte, indem sie sich von den grundlegenden Ideen des Projektmanagements selbst verabschiedet. Ein Gewinn für alle!

Denn sie arbeiten schneller, vernetzter, mobiler, vor allem aber in Projekten erfolgreicher.

In diesem Buch möchte ich Ihnen in sieben Kapiteln zeigen, warum wir Projektmanagement neu denken müssen, und was wir dabei vom technischen Know-how und dem individuellen Lebensgefühl der jungen Generation lernen können.

Zusammen mit meinem Buchprojekt-Team habe ich dazu aktuelle Studien ausgewertet. Zusätzlich haben wir mit Vertretern verschiedener Generationen gesprochen, um direkt aus den Unternehmen zu hören, wann Projektmanagement gut läuft, was die jungen Führungskräfte möglicherweise besser machen – und was nicht.

1. Das Ende des Projektmanagements

Im ersten Kapitel werfen wir einen schonungslosen Blick auf die Realität des Projektmanagements: Wie viele Projekte scheitern? Und warum? Wie sieht das Spielfeld aus, auf dem jetzt die Nachwuchsspieler mit dem Y-Label einlaufen?

2. Eigenwillig: Wie Digital Natives leben und arbeiten

Anschließend hören wir uns bei Trendforschern und Soziologen um. Wie tickt die Generation Y? Wie will sie leben und arbeiten? Und warum ist es nur logisch, dass sie ausgerechnet jetzt kommt?

3. Überall Büro: Wo Digital Natives arbeiten

Das tragbare Elektronikgerät in der einen Hand, den Kaffee in der anderen, tellergroße Kopfhörer auf den Ohren. Digital Natives arbeiten überall: in Cafés, Parks, Bahnhöfen, Freibädern. Sie tun es, weil sie ihr Büro in der Hosentasche tragen, und weil ein durchschnittliches Büro im Vergleich zu einem schönen Café eben viel weniger inspirierend ist. Ins Unternehmen kommen sie nur, um mit den Kollegen zu plaudern. Wie ist es zu dieser Bedeutungsverschiebung des Büros gekommen, wie sieht ein modernes Office überhaupt aus, und was bedeutet die neue Ortlosigkeit für das Projektmanagement? Das dritte Kapitel geht dieser Frage nach und stellt viele moderne Raumkonzepte vor.

4. Alles auf einmal: Wie Digital Natives Zeit managen

Nicht nur das Büro als Ort hat sich aufgelöst, die fest getaktete Arbeitszeit ist ebenfalls fluide geworden. Kommuniziert wird immer und überall, die Verbindungen werden allerdings auch bewusst ausgeschaltet. Im vierten

Kapitel fragen wir: Wie funktioniert unter diesen Umständen Projektmanagement?

5. Ballwechsel: Was Digital Natives unter Teamwork verstehen

Wenn junge Mitarbeiter das gemeinsame Thema wichtiger finden als ihren Arbeitgeber – was können wir dann noch unter Loyalität verstehen? Wie konzentriert arbeiten Digital Natives in Projekten, wenn sie sich nebenbei mit optimaler Performance als Kandidaten für kommende Projekte inszenieren müssen? Und: Laufen Projekte erfolgreicher, wenn sich die Beteiligten permanent duzen?

6. Projekte leiten: Wie Digital Natives führen – und sich führen lassen

Digital Natives, so heißt es, zucken nicht zusammen, wenn der „Chef-Chef" kommt. Für sie hätten Hierarchien keine große Bedeutung. Sie schimpften nicht einmal mehr über ihren Vorgesetzten. Wenn er ihnen nicht passe, dann kündigten sie eben. Doch was passiert, wenn Digital Natives selbst Projekte führen? Vertrauen sie auf die Intelligenz des Netzwerks, ohne zu führen? Oder greifen sie doch auf den Fundus der bekannten Führungsstile zurück?

7. Wie wir in Zukunft Projekte steuern werden

Im siebten Kapitel wagen wir einen Blick in die Zukunft: Wird es der jungen Generation gelingen, Projekte zu einem guten Ende zu führen? Wenn ja: Wie wird sie das tun?

Es ist mir bewusst, dass ich mit diesem Buch gleich zwei Themen aufgreife, die eher schwierig sind: Wenn Projekte scheitern, kostet das Millionen. Und wenn junge Fach- und Führungskräfte nicht die erwartete Leistung bringen, zahlen Unternehmen ebenfalls. Entsprechend zögern viele gestandene Führungskräfte, jungen Smartphone-Multitaskern tatsächlich Projektverantwortung zu übertragen. „Können die das?" „Wollen die überhaupt arbeiten?" Diese Fragen tauchen unweigerlich auf.

Dieses Buch möchte Ihnen Mut machen, Projektmanagement anders zu sehen, anders anzugehen. Trotz aller Kritik an der jungen Generation auf ihre guten Ideen zu schauen und sich von ihnen inspirieren zu lassen. Und damit erfolgreicher und zugleich entspannter zu arbeiten.

Übrigens: Das Projektmanagement für dieses Buch hat ein typischer Ypsiloner übernommen. So zielstrebig und zugleich so entspannt, dass auch ich noch etwas davon lernen konnte.

Kapitel 1

Das Ende des Projekt-managements

P rojekte haben ein merkwürdiges Doppelgesicht: Sie gelten als modern, flexibel, schnell. Wer zum Projektleiter ernannt wird, darf sich geadelt fühlen. Wenn es gut läuft, steigt er sogar schneller auf als die Kollegen in der Linie. „Du bist Projektleiter geworden? Glückwunsch!", heißt es.

Im Nachsatz dann: „Und gute Nerven!" Denn Projektleiter gelten vielen als bemitleidenswerte Kollegen, denen „von oben" eine zusätzliche Aufgabe aufgedrückt wurde, weil sie sich nicht schnell genug weggeduckt haben. Und die nun, neben ihrem ohnehin fordernden Job, nur noch mehr rennen müssen – getrieben von viel zu knappen Terminen, eingeengt durch absurde Budgetvorstellungen, immer in Richtung eines tollkühn gesetzten Ziels, das viel zu oft gar nicht erreichbar ist.

Fakt ist: Unternehmen starten immer mehr Projekte parallel zu ihren klassischen Organisationsstrukturen, weil Aufgaben hier flexibler organisiert und schneller erledigt werden können – theoretisch zumindest.

Im Jahr 2012 ergab eine Umfrage des Hamburger Trendbüros (www.trendbuero.de) und des in Wiesbaden ansässigen Verbands Büro-, Sitz- und Objektmöbel (bso, www.buero-forum.de) unter rund 600 Unternehmen, dass mehr als zwei Drittel von ihnen Routinetätigkeiten zunehmend durch übergreifende Projektarbeit ersetzen.

In einer bso-Umfrage unter 438 Unternehmen schätzten rund acht Prozent der Befragten den Anteil der Projektarbeit auf mehr als 75 Prozent der gesamten Arbeitszeit, rund ein Viertel der Unternehmen investierte 50 bis 74 Prozent der Arbeitszeit in Projekte, während beim größten Teil der befragten

Unternehmen (rund 45 Prozent) der Anteil der Projektarbeit zwischen 30 und 49 Prozent schwankte.

Insgesamt ergibt sich folgendes Bild: 35 Prozent aller in Büros geleisteten Stunden entfallen auf die Arbeit an Projekten.

Wie viel Prozent der gesamten Büroarbeit | Büroarbeitszeit entfallen auf Projektarbeit und wie viel Prozent auf Routinetätigkeiten?

	Projektarbeit	Routinearbeit	Sonstiges
HOCHRECHNUNG GESAMT	35,0%	64,9%	0,1%>
STICHPROBE GESAMT	34,9%	63,5%	1,6%>
BIS 50 BÜRO-MITARBEITER	31,8%	67,0%	1,2%>
51–200 BÜRO-MITARBEITER	35,6%	62,2%	2,2%>
MEHR ALS 200 BÜRO-MITARBEITER	39,6%	59,2%	1,2%>

N gesamt = 438 Büro-Mitarbeiter

Quelle: Trendbüro/bso: New Work Order 2012

Die Hälfte der Unternehmen stellt dazu immer wieder neue Teams aus internen Mitarbeitern verschiedener Abteilungen zusammen, die gezielt durch externe Berater verstärkt werden, durch Freiberufler, Zulieferer, externe Fachkräfte und Zeitarbeiter.

Einige streben sogar zu einer Organisationsform, die nur noch aus einem sehr kleinen Kern besteht und um den herum zahllose Projekte flexibel angedockt und wieder abgestoßen werden können.

Beispiel IBM: Im Februar 2012 berichteten das Handelsblatt und nachfolgend der Spiegel, dass der Konzern künftig nur noch von einer kleinen Kernbelegschaft geführt werden solle. Spezialisten und Fachkräfte hingegen wolle IBM über eine eigene Internetplattform anwerben, auf der sich durch das Unternehmen selbst zertifizierte, freie Mitarbeiter aus der ganzen Welt präsentieren sollten. Wenn diese jeweils nur für die Dauer der Projekte beschäftigt würden, könnte dies dem Konzern „gewaltige Einsparungen bringen und die Effizienz erheblich steigern". Rund 8.000 der 20.000 in Deutschland beschäftigten IBMler, so die Spekulationen, würden ihren Job verlieren.

Dem allgemeinen Aufschrei folgten offenbar zunächst keine konkreten Schritte. Doch die Richtung, die IBM eingeschlagen hat, zeigte sich klar: Der Konzern will sich von einem vertikal integrierten Koloss, der von der Forschung bis zur Fertigung alles selbst macht, in eine fluide (bezeichnenderweise hieß das Auslagerungsprogramm intern Liquid), horizontal vernetzte Company verwandeln, die punktuell externe Ressourcen akquiriert. Exakt so viele, wie für ein Projekt notwendig sind, und auch exakt so lang, wie ein Projekt dauert. Aus unternehmerischer Sicht ist das theoretisch ein absolut logischer Schritt. (Aus Sicht der Gewerkschaften eine Katastrophe, aber darum soll es an dieser Stelle nicht gehen.)

„Projektarbeit ist die Arbeitsform der neuen Arbeitskultur", schreiben dann auch die Autoren der Studie *New Work Order*. „Sie lehrt Eigeninitiative und Selbstverantwortung. Anhand der Deadline und Budgetplanung werden Teams künftig selbst über Ressourcen, Fachkräfte, Honorare und Urlaubstage entscheiden und damit im offenen Wettbewerb mit anderen Teams stehen."[1]

Kommt die schöne, neue Projektwelt? Wahrscheinlich nicht. Denn *praktisch* ist die Welt der Projektarbeit heute weit entfernt von den vielfach formulierten Heilsversprechen. Projektmanager sind vielleicht in der Lage, wunderbare Pläne zu entwerfen. Weil sie mit ihren oft unterkomplexen Plänen aber in einer komplexen Welt voller Paradoxien und Dilemmata hantieren, erweisen sich diese oft als wenig nützlich – wenn nicht sogar als Ursache neuer Probleme. Stehen wir vor dem Ende des Projektmanagments?

Was ist ein Projekt?

Alles ist heute Projekt: Der Neubau einer Lagerhalle, der Abbau von 8.000 Mitarbeitern, ein Forschungsprojekt an der Universität genauso wie die Unterrichtsreihe zum Thema Eichhörnchen und das gemeinsame Backen eines Blechkuchens. Der Begriff wird inflationär verwendet, um zum Teil belanglose oder lästige Aufgaben mit Bedeutung aufzuladen. Und doch gibt es offizielle Definitionen:

„Ein Projekt ist ein einmaliges, innovatives, komplexes Vorhaben mit ausgewiesenen Zielen, einem begrenzten Budget, einem definierten Anfang und einem klaren Endtermin."

(Duden: Projektmanagement, 2011)

Der Begriff *Projekt* kommt tatsächlich aus der Wirtschaft, und er ist schon sehr alt. Frühe Schriften zum Thema stammen zum Beispiel aus dem Jahr 1697, als Daniel Defoe, Autor des Abenteuerbuchs *Robinson Crusoe*, sein *Essay upon Projects* veröffentlichte. Darin beschreibt er den Projektemacher „als Inbegriff des Abenteuerkapitalisten – und entsprechend als moralisch höchst zweifelhafte Gestalt".[2] Für Defoe ist ein Projekt „ein großartiges Unternehmen, das zu breit angelegt ist, als daß etwas aus ihm werden könnte".[3] Wenn wir heute ratlos vor unseren vielen, scheiternden Projekten stehen, ist diese frühe Einschätzung verblüffend aktuell.

Aber nicht alle Autoren hatten eine so negative Sicht auf Projekte. Johann Heinrich Gottlob von Justi, Unternehmer und „Polizeywissenschaftler", formulierte im Jahr 1761: „Meines Erachtens versteht man unter einem Project einen ausführlichen Entwurf eines gewissen Unternehmens, wodurch unsere eigene oder anderer Menschen zeitliche Glückseligkeit befördert werden soll."[4] Schon hier haben wir das Spannungsfeld zwischen theoretischem Plan (Entwurf) und Realität, und außerdem die Hoffnung auf Erfolg (sogar: Glückseligkeit).

Im 20. Jahrhundert erlebten die Projekte und mit ihnen das Projektmanagement eine Renaissance als Hilfskonstruktion, um so gigantische Aufgaben wie den ersten Flug zum Mond zu verwirklichen. Das Projektmanagement entwickelte sich dann „zum anerkannten ‚Königsweg' bei der Bewältigung neuartiger, komplexer Aufgaben" – allerdings, so die Projektexperten Wolfgang Kötter und Jörg Langmuss in ihrem kritischen Aufsatz *Abschied vom „Alles ist möglich"* (OrganisationsEntwicklung 2/2004), vor dem Hintergrund stabiler, arbeitsteilig und hierarchisch strukturierter und auf Effizienz ausgerichteter Organisationsformen. Projekte konnten in diesem Setting genau das, was die Linie nicht konnte: Schnell und flexibel schwierige Aufgaben bewältigen.[5]

Seit sich jedoch die stabilen Hintergrund-Strukturen durch permanente Zergliederung und Fusionierung, Dezentralisierung und Re-Zentralisierung, Outsourcing und Virtualisierung, Globalisierung und Prozessoptimierung selbst zu einem Dauerprojekt entwickelt haben, haben Projekte vielerorts ihre Eigenschaft als „schnelles Beiboot" verloren. Und sind, nicht zuletzt unter dem Einfluss starrer Projektmanagement-Tools, selbst „zu dem geworden, was einmal die Hierarchie für Projekte war: Bürokratisches Hindernis und demotivierender Formalismus", schreibt der Wiener Projektmanagement-Experte Martin Gössler (ebenfalls in OrganisationsEntwicklung 2/2004).[6]

Wie viele Projekte scheitern

So ist es zu folgender Situation gekommen: Unternehmen organisieren sich heute zunehmend projektförmig, um schneller und flexibler agieren zu können. Gleichzeitig kann das Projektmanagement heute genau diese Vorteile nicht mehr generieren. Projekte haben sich von einer Lösung selbst zu einem Problem entwickelt. Viele dümpeln vor sich hin, viele werden abgebrochen, viele scheitern. Oft an nur einer Ecke des „magischen Dreiecks" mit den Eckpunkten Kosten, Zeit und Qualität. Manchmal aber auch an allen Ecken zugleich.

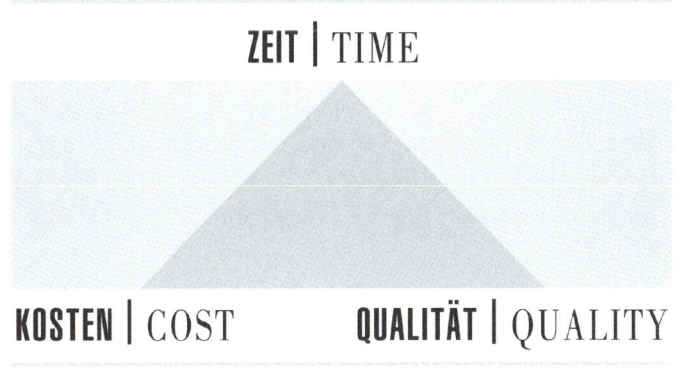

ZEIT | TIME

KOSTEN | COST   QUALITÄT | QUALITY

PROJEKTMANAGEMENT BEWEGT SICH ZWISCHEN DREI STEUERGRÖSSEN

➜ Zeit: Projektdauer und Termine
➜ Kosten: z.B. Personal, Material, Räume
➜ Qualität: Inhalt und Umfang der angestrebten Ergebnisse

Eine Änderung an einer Steuergröße führt automatisch zu Änderungen an einer oder an beiden anderen Größen. Dazu drei Beispiele:
Wird der Termin enger gesetzt, müssen Überstunden geleistet oder zusätzliches Personal eingesetzt werden, was die Kosten erhöht.
Um steigende Kosten zu deckeln, wird weniger Zeit investiert, dadurch sinkt die Qualität des Ergebnisses.
Kommt es zu Qualitätsproblemen, werden zusätzliche Spezialisten eingekauft und der Termin verschoben.

Heute wird die Sinnhaftigkeit dieser Ecken häufig in Frage gestellt („Warum ein festes Ziel festlegen, wo sich die Rahmenbedingungen doch stündlich ändern?"), doch nehmen wir sie zunächst einmal ernst.

Forscher der Universität Oxford und des Beratungshauses McKinsey wollten genauer wissen, wie viele Projekte an die Wand gefahren werden. Sie werteten zwei Jahre lang etwa 1.500 Projekte mit einem durchschnittlichen Volumen von 170 Millionen US-Dollar aus.

Das Ergebnis: In mehr als drei Viertel aller Projekte wird der Kostenplan im Durchschnitt um 27 Prozent übertreten. Zeitliche Verzögerungen belaufen sich im Mittel um 55 Prozent. Jedes sechste Projekt sprengte das vorgebene Budget allerdings um 200 Prozent. Den gesetzten Zeitrahmen ließen diese Projekte dann ebenfalls hinter sich: Im Mittel überzogen die Projekte, die den Kostenrahmen bereits übersprungen hatten, dann auch den Zeitrahmen um 70 Prozent.

IT-Projekte geraten zwei bis dreimal so oft außer Kontrolle wie ambitionierte Bauvorhaben, so ein weiteres Ergebnis der Forscher. Und: Interessanterweise sind standardisierte Risikomanagement-Programme selbst riskant:

Das Ende des Projektmanagements

20

Die Wahrscheinlichkeit eines Scheiterns liegt tatsächlich 20mal höher als von derartigen Programmen errechnet.

Wie viele Projekte in anderen Branchen in welchem Grad die Vorgaben des magischen Dreiecks nicht einhalten können, ist im Detail nicht bekannt. Projektmanagement-Experten wie Stefan Grösser, Professor für Strategisches Management an der Fachhochschule Bern, konstatieren jedoch: „Die Misserfolgsquote von Projekten bleibt auf hohem Niveau."[7] Weil die Bedeutung von Projekten tendenziell steige, sei dies ein Problem mit enormer Tragweite.

Doch warum scheitern so viele Projekte? Und was hat das mit ihrem Management zu tun?

● ●

DAS CHAOS UNTER DER LUPE

Die CHAOS-Studie der Standish Group misst seit 1994 die Erfolgs- und Misserfolgsfaktoren in IT-Projekten. Bisher wurden über 40.000 Einzelprojekte untersucht. Die Projekte wurden in drei Gruppen aufgeteilt:

Typ 1: Das Projekt wurde erfolgreich abgeschlossen. Also rechtzeitig, ohne Kostenüberschreitung und mit dem ursprünglich geforderten Funktionsumfang.

Typ 2: Das Projekt wurde teilweise erfolgreich abgeschlossen. Es kam also zu einem Abschluss, der gesetzte Kosten- und Zeitrahmen wurde aber nicht eingehalten oder es wurde nicht der geplante Funktionsumfang erreicht.

Typ 3: Das Projekt konnte nicht erfolgreich abgeschlossen werden. Es kam zu einem Abbruch.

Für diese drei Typen ergab sich für 1994 eine Verteilung von rund

➜ Typ 1: 16 Prozent
➜ Typ 2: 53 Prozent
➜ Typ 3: 31 Prozent

In der Tendenz hat sich die Verteilung bis 2011 umgedreht. Weiterhin werden die Hälfte aller Projekte *teilweise* erfolgreich abgeschlossen (Typ 2). Die Zahl der Abbrüche hat sich halbiert (Typ 3: 1994 waren es 31 Prozent, 2011 dann 15 Prozent), während die Zahl der erfolgreichen Projekte verdoppelt werden konnte (Typ 1: 1994 16 Prozent, 2011 dann 34 Prozent). Wir finden 2011 also eine Verteilung von rund

→ Typ 1: 34 Prozent
→ Typ 2: 51 Prozent
→ Typ 3: 15 Prozent

●●●

Zehn Gründe, warum Projekte scheitern

Jedes Projekt ist anders. Deshalb gibt es auch unzählige Gründe, warum ein Projekt scheitert oder sich – um es positiv auszudrücken – anders entwickelt als zunächst gedacht. Trotz der Mannigfaltigkeit der verschiedenen Projekte können wir aber auf den verschiedenen Ebenen zehn ganz typische Herausforderungen dingfest machen, die immer wieder auftreten. Und zwar auf

→ der Ebene der Unternehmensstrukturen (siehe unten Punkt 1 und 2)
→ in den Projektstrukturen selbst (Punkte 3 bis 7)
→ auf der Ebene der Führung (Punkte 8 und 9)
→ und auf der Seite der Kunden (Punkt 10).

Die Liste ist keineswegs vollständig. Sicherlich fallen Ihnen noch weitere Punkte ein, zum Beispiel der vielen Projektmanagern eigene Berufsoptimismus, der eine gewisse Blindheit für seltene und doch existenziell gefährliche Risiken mit sich bringt (Stichwort „Schwarzer Schwan") – an dieser Stelle geht es jedoch um einen groben Überblick mit zehn Punkten.

1. Vom Knirschen der Strukturen

Viele Projekte sind von vornherein zum Scheitern verurteilt, weil sie das gar nicht können, was von ihnen erwartet wird: „(...) durch rationale Planung (...) die Unsicherheitszonen, die am Rande einer sich rational gebenden Hierarchie auftauchen, zu absorbieren".[8] Ich möchte ergänzen: Auch die überall herrschende Unklarheit können sie nicht aufsaugen.

So wird ein Projekt zur Qualitätssicherung zum Beispiel quer zu den alten Linienstrukturen „aufgehängt" und mit Mitarbeitern und Führungskräften aus vielen verschiedenen Abteilungen bestückt. Dabei bleibt aber unklar, welche Priorität die Projektarbeit im Vergleich zur Linienarbeit einnehmen soll. Niemand weiß, wer wen mit welchen Konsequenzen führt, wer welche

Budget-Entscheidungen trifft, wer wie viel Zeit investieren muss oder darf und wie schnell welche Ziele erreicht werden sollen.

Kein Wunder, dass solche Projekte aus der Linie torpediert werden. Sie werden als Störer erlebt. Kein Wunder auch, dass solche Projekte nicht schneller zu Ergebnissen kommen als die alte Linienorganisation. Ein Sportwagen kann seine PS auf einer alten Pflasterstraße auch nicht ausfahren.

Besonders schwierig ist es für Projektmanager, wenn das zu führende Projekt nicht nur mit alten Strukturen kollidiert, sondern wenn die alten Strukturen in der Projektlaufzeit selbst unter hohem Knirschgeräusch umgebaut werden – was heute der Normalfall ist. Manager und Mitarbeiter fokussieren dann tendenziell auf ihr eigenes Überleben in der Organisation und verlieren das Projekt aus dem Blick.

Das Problem geht sogar noch über den Punkt hinaus, dass Linienstrukturen und Projektstrukturen in Konkurrenz zueinander geraten. Laut Frank Schäfer, Autor und Berater aus Stuttgart, haben die alten Linienstrukturen selbst ihr Verfallsdatum schon längst überschritten, weil „aus trivial organisierten Industriebetrieben komplexe soziale Hochleistungssysteme" geworden sind, die nach anderen Führungsformen verlangen.

Der Bezugspunkt der Organisation sei nicht mehr die heldenhafte Führungskraft, sondern das vernetzte System an sich. Deshalb müsse sich die Führungskraft auch nicht mehr auf sich selbst, ihre eigenen Ideen, ihre Führungshandlungen konzentrieren, sondern auf „das Zusammenspiel der Dinge, Strukturen, Prozesse und Menschen".[9]

Ich vermute, dass eine solche Diagnose bei den jungen Vertretern der Generation Y Freude auslöst, bei den „alten Hasen" jedoch Zerknirschung.

2. Kampf um Machterhalt

Fach- und Führungskräfte, die an den Schaltstellen der alten Linienstrukturen sitzen (so diese überhaupt noch bestehen), haben zumeist kein Interesse daran, den Ast abzusägen, auf dem sie sitzen. Sie schützen die alten Muster der Organisation, so gut es eben geht:

1. Sie hüllen ihren Arbeitsbereich in Nebel. Sie geben keine korrekten Angaben darüber frei, wie viele Ressourcen sie einem Projekt zur Verfügung stellen könnten. Genauso verschleiern sie aber auch ungünstige Arbeitsabläufe, über- oder unterdimensionierte Technologien, mangelnde Qualifikationen der Mitarbeiter. Nicht zuletzt, weil die Mitarbeiter der einzelnen Führungskräfte nicht transparent arbeiten, um wiederum ihren eigenen Sessel zu retten. „Richtig praktiziert bringt Projektmanagement eine ungeheure Transparenz ins Unternehmen, indem es lange verschwiegene strukturelle Defizite ans Tageslicht holt", bringt es Klaus Tumuscheit in seinem Buch *Überleben im Projekt* auf den Punkt.[10]

2. Sie betrachten Projekte als Sonderfälle. Laut einer Studie der Deutschen Gesellschaft für Projektmanagement (GPM, „Misserfolgsfaktoren in der Projektarbeit") scheitern Projekte in der IT-Branche und in der Beratungs-Branche besonders häufig deshalb, weil „die Rollen und Schnittstellen zwischen Stammorganisation und den projektgebundenen Teilen der Organisation nicht klar definiert" wurden. Und weil „das Top-Management das Projektportfoliocontrolling nicht zur Steuerung der gesamten Unternehmensentwicklung" nutzt. Das heißt: Solange es unklar bleibt, ob das Projekt nun bedeutender ist als die Linie oder nicht, muss die Linie nichts befürchten. Und solange mit Projekten keine Unternehmenspolitik gemacht wird, muss die Linie ebenfalls nichts befürchten.

Wichtig: Diese Dynamik entwickelt sich nicht, weil einzelne Manager egoistisch oder gar niederträchtig wären. Es handelt sich vielmehr um eine Systemdynamik, die deshalb kontraproduktiv wirkt, weil Projekt und Organisation unterschiedlichen Logiken und Mustern folgen. Projekte zeichnen sich typischerweise durch direkte Kommunikation und informelle Formen der Zusammenarbeit aus, hierarchische Organisation dagegen durch indirekte Kommunikation und formelle Formen der Zusammenarbeit. Wenn Projektmanagement einer Hierarchie „angehängt" wird, entstehen zwangsläufig anstrengende Widersprüche und Spannungsfelder. Und die typische Reaktion, diese Spannungsfelder zu ignorieren oder abzuschalten, um (vermeintlich) Energie zu sparen.

3. Überfordert durch Komplexität

Dass Projekte an „Komplexität aufgrund zu hoher interner/externer Änderungsdynamik im Projekt" scheitern, kommt laut GPM-Studie vor allem in der Automobilindustrie vor. Doch was heißt das?

Komplexität entsteht entweder durch eine Fülle von Details („Detailkomplexität"). Oder in einem System, in dem die einzelnen Elemente gerade nicht nach dem Ursache-Wirkungs-Prinzip aufeinander reagieren, sondern sich durch zahllose Rückkopplungen oder Akkumulationen gegenseitig verlangsamen, beschleunigen oder in anderer Weise so aufeinander einwirken, dass ein Projektmanager nicht mehr genau sagen kann, was warum passiert und wie das mit seinen Projektsteuerungsversuchen zusammen hängen könnte („Dynamische Komplexität").

Der Berner Hochschullehrer und Projektmanagement-Experte Stefan Grösser beschreibt dazu ein anschauliches Beispiel: In einem Anlagenbauprojekt wird der Fertigstellungstermin nach vorne verlegt. Um diesen Termin halten zu können, stellt der Projektmanager zusätzliche Mitarbeiter ein. Dadurch steigt die Produktivität aber nicht, sondern sie sinkt. Er stellt noch mehr Mitarbeiter an. Daraufhin sinkt die Produktivität noch weiter ab. Wie kann das sein? Laut Grösser führt die Anstellung zusätzlicher Mitarbeiter zu komplexeren Kommunikationsstrukturen, die mehr Zeit in Anspruch nehmen. Und zu einer Verringerung der durchschnittlichen Erfahrung pro Projektmitarbeiter, was die Produktivität insgesamt ebenfalls reduziert. „Wir sehen hier einen kontraintuitiven Zusammenhang zwischen der beabsichtigten Konsequenz und der tatsächlich eintretenden", schreibt Grösser. „Dieser Mechanismus führt zu einer sich selbst verstärkenden Dynamik."[11]

Das Projektmanagement alter Schule ist auf diese Art der nicht auf den ersten Blick sichtbaren Risiken und überraschenden Nebenwirkungen nicht eingestellt. In der Hektik des Alltags erkennt es die tatsächlichen Ursachen für Projektprobleme deshalb oft nicht, greift zu den falschen Maßnahmen und verschlimmert die Situation weiter.

Das heißt: Nicht die Komplexität selbst führt zum Scheitern von Projekten, sondern ein falscher – möglicherweise durch unterkomplex angelegte Projektmanagement-Tools beförderter – Umgang mit Komplexität. Die Kunst besteht heute darin, Unschärfen, Dilemmata und Paradoxien gerade nicht mit einfachen Tools auszublenden, sondern sie zuzulassen. Die Komplexität bewusst sehen, damit arbeiten.

Meine These ist, dass die jüngeren Generationen eher in der Lage und bereit sind, in widersprüchlichen Konstellationen zu leben und zu arbeiten, als wir. Die Älteren. Aber auch wir können es lernen (so alt sind wir ja auch wieder nicht).

4. Ziele bleiben unklar

Laut GPM-Studie steht folgendes Problem ganz oben auf der Liste der Faktoren, die über den Erfolg eines Projekts entscheiden: „Unklare Projektziele oder mangelnde Dokumentation der Projektziele." Dahinter stehen zwei Herausforderungen, die in Projekten regelmäßig auftreten:

1. Es gibt gar keine klaren Ziele. Die populäre Projektmanagement-Literatur ist sich in einem Punkt ziemlich einig. Wenn ein Projekt scheitert, dann hat es ganz viel mit unklaren Zielen zu tun. Und warum sind Ziele unklar? Weil der Projektleiter nicht hartnäckig genug nachgefragt hat. Typischer Anfängerfehler, so heißt es.

Doch damit wird ein strukturelles Problem in die Verantwortung eines Einzelnen geschoben. In der Praxis sind Projektziele oft nicht klar formuliert, weil man entweder noch gar nicht weiß, wohin die Reise geht. Oder wie weit das Ziel entfernt liegt. Oder Ziele sind zwar klar formuliert, haben aber einen doppelten Boden: Zum Beispiel, weil sich unter dem offiziell formulierten Ziel (Einführung neuer Software) ein weiteres Ziel verbirgt (Abschaffung einer kompletten Abteilung), das aber nicht klar formuliert wird. Unklare Ziele müssen gar nicht immer schlecht sein, darauf hat Mintzberg schon 1985 sehr prägnant hingewiesen:

„Setting out a predetermined course in unkown water is the perfect way to sail into an iceberg."

Wird ein Projekt nicht auf ein bestimmtes Ziel festgenagelt, hat es viel größere Chancen, auf unvorhergesehene, günstige Gelegenheiten zu reagieren. Und es kann seine Arbeit ohne Scham abbrechen, wenn sich ein Ziel als wenig lohnend erweist.

2. Das Ziel verliert seine Relevanz. Die Rahmenbedingungen der Unternehmen ändern sich heute so schnell, dass ein Projekt, das heute noch sinnvoll erscheint, schon morgen tatsächlich unsinnig sein kann. In diesem Fall ist es natürlich eine Erfolgsstrategie, das Projektziel nicht zu erreichen.

Leider blenden die meisten Studien zum Thema Projektmisserfolge diese Fälle aus. Unsere Interviewpartner sagten zu diesem Thema:

„Wenn die zum Projektstart vereinbarten Ziele, Termine und Kosten zu Projektende 1:1 erreicht werden, dann war das kein Projekt, sondern eine standardisierte Aufgabe. Erfolgreich abgeschlossene Projekte haben nichts damit zu tun, ob die ursprünglich vereinbarten Ziele vollständig erreicht wurden. In Projekten ist es wichtig, dass die Änderungen entsprechend kommuniziert und integriert werden."

Brigitte Schaden, Vorstandsvorsitzende von Projekt Management Austria (pma) und Chairman of GAPPS und ehemals Chairman of IPMA

„Ein Projekt ist erfolgreich, wenn der Kunde das bekommen hat, was er gebraucht hat, und nicht, was er zuerst definiert hat."

Johannes Soulos, IT-Projektmanager, AKH Wien, Digital Native

5. Time flies

Wer je einen Terminplan für ein Projekt aufgestellt hat, der weiß: Sobald der Plan fertig ist, so ist er auch schon veraltet. Und das liegt nicht nur an zu engen Terminvorgaben, an schlechter Terminplanung oder an Fehlern in der Schätzung von Dauer und Aufwand – Faktoren, die in der herkömmlichen Management-Literatur gebetsmühlenartig als typische Fehler des Projektmanagements aufgelistet werden.

Das Problem liegt tiefer: Heute werden Aufträge immer kurzfristiger vergeben und Mitbewerber überraschen in immer kürzeren Abständen mit neuen Schachzügen. Permanent entstehen neue Impulse, die vom Projektteam selbst ausgehen oder von außen auf das Projekt einwirken. Projektmanager müssen darauf reagieren, indem sie die im „magischen Dreieck" festgehaltenen Idealvorstellungen immer wieder an die Realität anpassen – also den Zeitplan, das Budget und die Zielvorstellungen hinsichtlich der zu erreichenden Qualität.

Eine große Herausforderung besteht darin, dass sich die Arbeitsabläufe in einem vernetzten System weder komplett überschauen noch komplett durchplanen lassen. Immer wieder kann es zu Verzögerungen kommen, die weitere

Verzögerungen nach sich ziehen. Andererseits können unerwartet innovative Ideen auftauchen, die umständliche Arbeitsprozesse plötzlich überflüssig machen und so zu unerwarteten Beschleunigungseffekten führen.

Nur Maschinenzeiten lassen sich mit der Stoppuhr präzise steuern (im Idealfall). Sobald Menschen ins Spiel kommen, greift die Dynamik der so genannten *Eigenzeit*, die sich nicht nach der mechanischen Uhr richtet, sondern nach den für Menschen typischen physischen und psychischen Rhythmen. Individuelle, kreative Prozesse entziehen sich dem Projektmanagement und seinen Zeitplänen genauso wie die Eigenzeit komplexer, intelligenter, sich selbst organisierender Netzwerke.[12]

Lassen sich Projekte gar nicht mehr managen? Nein, soweit möchte ich auch nicht gehen. Manchmal braucht es das Versprechen einer planbaren Veränderung, damit Organisationen die Energie aufbringen, sich überhaupt in Bewegung zu setzen. Die Generation Y ist – so mein Eindruck – hier vielleicht besser in der Lage, dieses theoretische Versprechen nicht mit der Realität der Praxis zu verwechseln.

6. Unzureichende Ressourcen

Ein „unvollständiger Projektressourcenplan" steht laut GPM-Studie in der Automobilindustrie an dritter Stelle der Projekt-Problemursachen (nach „Komplexität aufgrund zu hoher interner Änderungsdynamik im Projekt" und „Problemen durch Veränderung der Anforderungen seitens Kunde").

Auch hier liegt das Problem oft nicht in der Unfähigkeit der Projektmanager, Ressourcen richtig zu schätzen und einzufordern. Bei etlichen Projekten lassen sich die Ressourcen überhaupt nicht realistisch schätzen, weil Design und Auftrag von vornherein zum Scheitern verurteilt sind – ganz gleich, wie viele Ressourcen ihnen zugeteilt werden.

Das stellen Olaf Hinz und Jan Poczynek in ihrem Beitrag *Wider die zunehmende Verdosung des Projektmanagements* (OrganisationsEntwicklung 1/2011) sehr anschaulich dar: Viele Projekte scheitern daran, so die Autoren, dass Organisationen sie als „internes ProblemOutsourcing" missbrauchen. „Eine zusätzliche Struktur wird eröffnet, die temporär bisher noch unmögliche oder nicht vorhandene Prozessabfolgen möglich machen soll", durch die hohe Komplexität der Organisation diese Wirkungen aber gar nicht erzielen kann.[13]

7. Methodenfetischismus gegen die Unsicherheit

„Streng nach Modell geführte Projekte sind wie in die Dose gepresstes Fleisch: in Form gebracht, in Struktur gepresst und jeder eigenen Form beraubt", monieren die Autoren weiter.

In vielen Projekten versuchten die beauftragten Projektmanager, Komplexität mit möglichst einfachen Management-Modellen in den Griff zu bekommen. Der Beratungsmarkt unterstütze sie dabei: Dem Wunsch nach „Sicherheit, Strukturierung, Nachvollziehbarkeit, Messbarkeit, Haltbarkeit, Lagerfähigkeit und Transportfähigkeit von Leistungen, die im Rahmen von Projekten erreicht werden sollen", kommen sie mit Projektmanagement-Modellen entgegen, die diesen Wünschen durch „Standardisierung, Zertifizierung und ,Methodenfetischismus' nachkommen, aber wenig Unterschiede und Irritationen einführen".

Dabei unterscheiden sich Projekte so stark voneinander, dass jedes unterschiedlich gemanagt werden muss.[14] Vereinfacht möchte ich hier folgende Punkte festhalten:

→ Je mehr ein Projekt auf *Innovation* abzielt, desto weniger aussagekräftig sind erhobene Daten vor allem zu Projektbeginn. Die Projektziele werden also erst im Laufe der Entwicklung deutlich.

→ Mit zunehmender *technischer* Unsicherheit nimmt auch die Anzahl und Dauer der erforderlichen Entwicklungszyklen zu (ein Low-Tech Projekt wie eine neue Straße bringt weit weniger Unsicherheit mit sich als das Apollo-Mondprogramm). Die erforderlichen Ressourcen sind entsprechend größer und lassen sich entsprechend schwieriger festlegen.

→ Je *komplexer* ein Projekt angelegt ist (die Entwicklung eines Smartphones ist weniger komplex als ein Großprojekt wie Stuttgart 21), desto komplexer ist die Projektorganisation.

→ Mit zunehmendem *Termindruck* (ein internes Projekt zur Optimierung der Treppenhausreinigung steht unter weniger Zeitdruck als die Fertigstellung eines Stadions bis zu den Olympischen Spielen) verändert sich die Art der notwendigen Planung.

Der letzte Punkt ist meiner Einschätzung nach besonders interessant. Häufig nämlich werden Projekte unter einen Termindruck gesetzt, der willkürlich gewählt wurde und in keinem Verhältnis zur Relevanz der anderen Eckpunkte des magischen Dreiecks steht – vor allem dem der Qualität.

Tom DeMarco, US-amerikanischer Erfinder der Strukturierten Analyse und Autor von *Der Termin – Ein Roman über Projektmanagement*, hat dazu einige sehr treffende Zeilen geschrieben, die ich hier im Original wiedergeben möchte:

> *„For the past 40 years, for example, we've tortured ourselves over our inability to finish a software project on time and on budget. But as I hinted earlier, this never should have been the supreme goal. The more important goal is transformation, creating software that changes the world or that transforms a company or how it does business. We've been rather successful at transformation, often while operating outside our control envelope. Software development is and always will be somewhat experimental. The actual software construction isn't necessarily experimental, but its conception is. And this is where our focus ought to be. It's where our focus always ought to have been."*
>
> (DeMarco 1995:95)[15]

Das heißt: Starre Kaskadenmodelle, die die Stationen Projektidee, Analyse, Konzeption, Realisierung, Projektabschluss schön säuberlich nacheinander aufreihen, können zwar die Gemüter beruhigen – ein Projekt lässt sich mit derartig unterkomplex angelegten Modellen nicht führen. „Projektmanagement ist organisch zirkulär", unterstreicht Projektmanagement-Experte Klaus Tumuscheit. „Mitten in der Realisierung müssen Sie in Analyse und Konzeption zurückspringen, wenn Sie sich nicht von der Realität überrollen lassen wollen."[16]

8. Führung nach alter Schule

Das Industriezeitalter hat uns weitgehend unabhängig gemacht vom Sonnenauf- und -untergang, von den Launen des Wetters und anderen Tücken der Natur.

Im 19. Jahrhundert ermöglichten riesige Dampfmaschinen, gleißendes Gaslicht, überregional gleichgeschaltete Uhren und große Fabrikhallen es erstmals, strukturiert nach Plan zu arbeiten und die erzielten Ergebnisse genau zu kontrollieren. Arbeiter und Vorgesetzte arbeiteten also an festgesetzten Orten zu festgesetzten Zeiten festgesetzte Aufgaben ab.

Das ist lange her – und doch sind wir mit unserem Denken oft noch dieser frühen Zeit der Industrialisierung verhaftet. Seit wir, um produktiv zu werden, keine riesenhaften Dampfmaschinen mehr brauchen, sondern lediglich tragbare Kleinelektronik im Hosentaschenformat, werden Arbeitsprozesse offener, schneller, beweglicher – aber auch schwerer zu führen.

	Industrie-Ökonomie	Netzwerk-Ökomomie
ARBEITSWEISEN	standardisiert >	projektbezogen
ZUGEHÖRIGKEIT	dauerhaft >	flexibel
TEAM-MIX	spezialisiert >	interdisziplinär
JOB-DEFINITION	vorgegeben >	selbst gewählt
WISSENWEITERGABE	exklusiv >	proaktiv
KULTUR	top-down >	partizipativ

Quelle: New Work Order, Seite 25

Zumindest lassen sie sich nicht mehr mit dem einfachen Befehlsketten- und Ursache-Wirkungs-Denken führen, die in den Maschinenhallen des 19. Jahrhunderts mit ihren einfachen Organisationsstrukturen und weitgehend festen Rahmenbedingungen noch wirksam waren – heute aber nicht mehr greifen.

Im Gegenteil. Experten wie Stefan Grösser zeigen, wie Führung nach den unterkomplexen Modellen alter Schule moderne Projekte gerade nicht zum Erfolg führen können, sondern – salopp ausgedrückt – umso schneller an die Wand fahren.

IMMER MEHR WISSENSARBEITER

Einer Studie von McKinsey zufolge sind zwischen 2001 und 2009 die meisten Arbeitsplätze für Wissensarbeiter entstanden (plus 4,8 Prozent), während es weniger neue Arbeitsplätze für Sachbearbeiter (minus 0,7 Prozent) und noch weniger neue Jobs für Werksarbeiter gab (minus 2,7 Prozent). Das heißt: Die Bereiche Produktion (Industriearbeit) und Transaktion (Sachbearbeitung) werden zunehmend automatisiert, während interaktive Tätigkeiten wie Kommunikation und Kollaboration zunehmend wichtig werden.

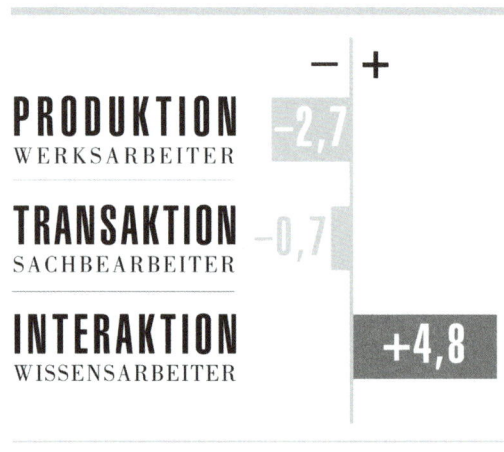

Quelle: New Work Order, Seite 8

9. Kommunikation? Keine Zeit

Paradoxerweise kommt es in Projekten immer wieder zu gravierenden Problemen, weil Projektleiter und Teammitglieder überhaupt nicht oder aneinander vorbei kommunizieren – und das, obwohl heute theoretisch jeder mit jedem über verschiedene Kanäle Tag und Nacht vernetzt ist.

Mehr als 80 Prozent der Projektmanager in deutschen Unternehmen sagen jedenfalls, dass sie „eher nicht" über ausreichende Kommunikationskompetenz verfügen. Es mangelt ihnen an Kompetenz, aber auch an Zeit und Budget für Kommunikation – obwohl sie diese als einen entscheidenden Erfolgsfaktor betrachten.

Zu diesem Ergebnis kam die Studie *Kommunikation in Projekten* der Kommunikationsberatung Cetacea in Zusammenarbeit mit Atreus Interim Management und der Deutschen Gesellschaft für Projektmanagement (GPM). Nach Erfahrung der Teilnehmer wird in den meisten Projekten nur über die wichtigsten Meilensteine kommuniziert; eine systematische und professionelle Kommunikation ist dagegen die Ausnahme.

Interessanterweise ist das meistgenutzte Kommunikationsmittel für Projektmanager die E-Mail – sie spielt eine größere Rolle als persönliche Treffen mit dem Projekt-Team. Auch Wochen- und Monatsberichte sowie Telefon- und Videokonferenzen werden häufig genutzt. Abgesehen von den fast immer kommunizierten Meilensteinen findet Kommunikation in Projekten daher nur sporadisch und fallweise statt, wobei zwischen den verschiedenen Zielgruppen der Kommunikation nicht unterschieden wird.[17]

Projektmanager bleiben also weitgehend sprachlos. Dabei sprechen Arbeitnehmer – egal, zu welcher Generation sie sich zählen – trotz aller modernen Kommunikationsmittel am liebsten persönlich miteinander. Für nur zwölf Prozent der Älteren und zehn Prozent der Jüngeren ist das Telefon das bevorzugte Kommunikationsmittel. 28 Prozent der Älteren schreiben am liebsten eine Mail, bei den Jüngeren sind es 35 Prozent. Zu diesem Ergebnis kommt eine Umfrage, die der US-Marktforscher Harris Interactive im Auftrag des Portals Careerbuilder.com in den USA durchgeführt hat. Daran haben sich rund 3800 Vollzeit-Angestellte und 2200 Personaler beteiligt.[18]

• •

VON „DEN ALTEN" LERNEN

In jüngeren Jahren hatte ich die Ehre, für einen Geschäftsführer des „alten Schlags" zu arbeiten. Ich durfte ihn einige Male begleiten, wie er mit seinen 65 Jahren noch durch die 10.000 Quadratmeter große Produktionsstätte spazierte – und zwar täglich. Von den 1.600 Mitarbeitern kannte er jeden – sogar das Reinigungspersonal. Die Mitarbeiter schätzten den offenen Zugang und nutzten die Möglichkeit, ihn zu sprechen, wenn es Wünsche oder Beschwerden gab. Er kannte auch jedes einzelne Produkt und dessen Geschichte – mit allen Vor- und Nachteilen. Das war dann oft eine Prüfung speziell für die neuen Mitarbeiter, wenn diese mit einem Problem am Produkt bei ihm auftauchten. Man konnte ihm nichts vormachen.

Besprechungen mit ihm waren legendär: Es gab kaum etwas, was man ihm erzählen konnte, was er nicht bereits wusste. Und neue Ideen waren bei ihm immer willkommen. Und wenn es für ihn zu kompliziert war, hatte er sofort eine einfachere Lösung parat. Wenn er einmal etwas nicht verstand, durfte man mit ihm zum Ort des Geschehens wandern. Da wurde das Problem noch mal augenscheinlich diskutiert. Entscheidungen wurden sofort getroffen – erst ab einem bestimmten Budget musste man den formellen Weg gehen.

Dieser Geschäftsführer hat über die vielen Jahre, in denen er tätig war, ein ausgezeichnetes Unternehmen in einem Konzern aufgebaut. Die Reputation des Standortes war und ist immer noch auf der ganzen Welt einzigartig.

● ●

10. Kunde funkt dazwischen

Dass der Kunde zu Beginn eines Projekts genau sagt, was er will, und sich dann bis zum Projektabschluss höflich im Hintergrund hält, ist eine Illusion.

In vielen Prozessen (zum Beispiel im Handel mit Konsumgütern) zeigt es sich, dass der Kunde immer mehr zum Mitgestalter der Produkte und Services wird, für die er letztendlich bezahlt.

Das Projektmanagement ist darauf aber offenbar nicht genug eingestellt. Laut GPM-Studie zu „Misserfolgsfaktoren in der Projektarbeit" geraten vor allem Software-Projekte ins Schlingern, weil Kunden ihre Anforderungen verändern. In der IT-Branche steht dieser Punkt an erster Stelle, in der Automobilindustrie steht er an zweiter Stelle der wichtigsten Misserfolgsfaktoren.

Was lernen wir daraus? Viele Projekte scheitern. Doch das liegt nicht zwangsläufig an schlechten Projektmanagement-Tools. Und auch nicht daran, dass Projektmanager vermeintlich gute Projektmanagement-Tools nicht konsequent einsetzen. Das Problem liegt woanders: Projektmanagement mit seinem „magischen Dreieck" und allen weiteren Heilsversprechen hat vielleicht noch in der Mitte des vergangenen Jahrhunderts funktioniert. Heute haben sich die Rahmenbedingungen aber so verändert, dass wir uns von vielen überkommenen Vorstellungen verabschieden müssen.

Statt in starren Dreiecken müssen wir in beweglichen Konstellationen denken. Wir müssen Ziele, Zeit und Ressourcen flexibel halten und fixe Zahlen jederzeit über Bord werfen dürfen. Denn der Erfolg eines Projekts bemisst sich nicht daran, ob der Projektmanager es geschafft hat, die Realität des Projekts (zur Not mit Gewalt) dem theoretischen Entwurf des Projektplans anzugleichen, sondern am Erfolg eines Produktes oder einer Serviceleistung am Markt – ganz gleich, was irgendwann einmal in irgendeinem Dreieck festgehalten wurde.

Nach dieser *tour de force* durch die Tücken des heutigen Projektmanagements nehmen wir nun die sogenannte Generation Y in Augenschein, die jetzt Schritt für Schritt die Führung in den Unternehmen übernimmt. Und die, so meine These, das Projektmanagement revolutionieren wird – weil sie selbst anders tickt als jede Generation vor ihr. Und weil sie Projekte von vornherein ganz anders angeht.

Kapitel 2

Eigenwillig: Warum Digital Natives so sind, wie sie sind

E ine neue, junge Generation übernimmt jetzt das Steuer in den Unternehmen. Diese Männer und Frauen scheinen das bisher als unvereinbar Geltende vereinen zu können: Sie liegen mit Laptop am Strand *und* arbeiten hart an einer neuen Idee. Sie wollen selbst entscheiden, wann, wo, wie sie Leistung bringen, *und* sie wünschen sich Sicherheit. Sie wollen immer vernetzt sein *und* ihr Telefon nach Lust und Laune ignorieren. Spaß wollen sie im Leben haben *und* im Job vorankommen, wobei beides auch das Gleiche sein kann. Außerdem wollen sie auch noch ein bisschen mit ihren Kindern spielen und die Welt retten.

„Die wollen alles auf einmal: Familie plus Feierabend. Beruf plus Freude plus Sinn. Und das verfolgen sie kompromisslos", stellt die ZEIT verblüfft fest.[19] Die Ära der „Arbeitshasen" ist damit wohl vorbei: „Meine Generation ist lange nach dem Karotten-Prinzip vorgegangen: Klein anfangen, fleißig arbeiten und dann die Belohnung bekommen", konstatiert Marius Möller, Personalvorstand bei PriceWaterhouseCoopers (PwC).[20] Dieses Prinzip ist für die junge Generation heute nicht mehr attraktiv.

„Digital Natives sind die Helden des Strukturwandels. Wer sie versteht, versteht die Arbeitswelt von morgen."

Prof. Peter Wippermann, Gründer Trendbüro[21]

37

Schnell, direkt und vernetzt

Sind die jungen Wilden die neuen Helden? Bringen sie die kommunikativen Fähigkeiten, das vernetzte Denken und das Arbeitstempo mit, das Projektmanagement so dringend braucht? Oder sind sie bloß sich selbst überschätzende Möchtegerns mit Strickmützen und Umhängetaschen, die sich zwar an ihren Smartphones festhalten, selbst aber nicht besonders smart sind?

Bevor wir Klischees auf den Leim gehen, schauen wir uns ein Beispiel für Kommunikationsprobleme im Projekt an, das in der Praxis zwischen Vertretern der jungen Generation und älteren Generationen typischerweise auftreten kann. Und dann die Besonderheiten der Digital Natives, die – je nach Publikation – auch andere Labels tragen: Millennials, Nexters, Generation Y, Generation Nintendo, Generation Google – die Autoren werden nicht müde, lange Label-Listen zusammenzutragen und sich selbst jeweils mit der Erfindung eines neuen Gruppennamens hervortun zu wollen.

●●●

ANEINANDER VORBEI GESCHRIEBEN

Herr Jungmann und Herr Erfahren arbeiten im gleichen Unternehmen. Herr Jungmann seit acht Wochen, Herr Erfahren seit 40 Jahren. Sie kennen sich nicht persönlich. Herr Jungmann soll nun Prozessänderungen durchführen, die Herr Erfahren überprüfen und in das Qualitätsmanagement-System des Unternehmens integrieren soll.

1. Februar: E-Mail von Herrn Jungmann an Herrn Erfahren:

Hallo, wir überarbeiten gerade den Prozess X Y im Bereich A und damit verbunden die Verfahrensanweisung Z. Lg. Jungmann

Herr Erfahren liest diese Mail und runzelt die Stirn: „Der kennt mich nicht und schreibt gleich Hallo und Liebe Grüße! Wenn man 40 Jahre in einem Betrieb gute Arbeit geleistet hat, ist man für eine junge Nachwuchskraft ein sehr geehrter Herr, der höchstens freundlich, vielleicht sogar herzlich, keinesfalls aber lieb gegrüßt wird! Wo kommen wir denn da hin? Ich bin vielleicht konservativ, aber ich stehe dazu. Was will dieser Jungspund überhaupt? Wahrscheinlich eine Dokumentennummer. Aber ich weiß es nicht genau."

2. Februar: E-Mail von Herrn Erfahren an Herrn Jungmann:
Guten Morgen, Herr Jungmann, um was für einen Dokumententyp handelt es sich bei dieser Verfahrensanweisung? Am besten ist es, wenn Sie mich anrufen oder direkt bei mir vorbeikommen, damit wir das klären können. Mit freundlichen Grüßen, Erfahren

9. Februar: E-Mail von Herrn Jungmann an Herrn Erfahren:
Hallo, sorry für die verspätete Antwort. Der erforderliche Dokumententyp ist Powerpoint-Präsentation. Komme gerne noch auf einen Sprung vorbei, sollte etwas unklar sein. Lg, Jungmann

Herr Erfahren fühlt sich wieder vor den Kopf gestoßen: „Er hat keine Ahnung. Er will etwas von mir. Und ich soll mich melden, wenn bei mir etwas unklar ist!? So läuft das hier im Unternehmen aber nicht. Ich rufe ihn nicht an, er soll sich bei mir melden." Er schreibt sofort zurück:
Hallo, Herr Jungmann, Powerpoint ist kein Dokumententyp, für Prozesse gibt es die Vorlagen für Verfahrensanweisungen. Am besten, Sie kommen bei mir vorbei, rufen mich aber vorher an, damit ich auch am Arbeitsplatz bin. Mit freundlichen Grüßen, Erfahren

Als Herr Jungmann diese Mail liest, ist auch er genervt: „Der Alte macht es ja unnötig kompliziert. Wieso sagt er mir nicht einfach kurz, wie der Hase laufen soll? Ich renne ihm jedenfalls nicht hinterher, weil ich jetzt Wichtigeres zu tun habe als dieses umständliche Prozess-Zeug, das morgen sowieso wieder veraltet ist."

16. Februar: Herr Jungmann hat sich vorgenommen, die lästige Aufgabe endlich vom Tisch zu bekommen: „Heute schaue ich bei Herrn Erfahren vorbei, aber ich will nicht unnötig durchs Unternehmen wandern, deshalb soll er mir kurz schreiben, wann er da ist. Das kann ja nicht so schwer sein." Er mailt:
Hallo, sorry für die verspätete Antwort. Bitte geben Sie mir kurz Bescheid, wann Sie am Platz sind, dann komme ich bei Ihnen vorbei. Meine Durchwahl ist 902. Jungmann

„Es dauert immer recht lange, bis er sich daran erinnert, dass er ja etwas von mir möchte", stellt Herr Erfahren fest. „Dann schreibt er wieder. Und dann soll ich aktiv werden! Angerufen hat er bis heute noch nicht. Bin gespannt, wohin das führen wird. Ich jedenfalls habe es so gelernt: Wenn ich etwas von jemandem benötige, dann schaue ich bei demjenigen vorbei und frage nach, was ich brauche, auf was ich achten muss und wie ich das systematisch angehe. Wenn sich dieser Schnösel nicht bewegt, dann passiert hier überhaupt nichts."

Herr Jungmann wundert sich, warum sich Herr Erfahren nicht meldet. Weil er aber die Arbeit am Prozess viel spannender findet als die Überprüfung und Dokumentation des Vorgangs durch Herrn Erfahren, kümmert er sich nicht weiter darum: „Die nächste Prozessänderung kommt bestimmt – und wenn das Qualitätsmanagement meint, irgendwelche Nummern verteilen zu müssen, kann es sich gerne melden …"

• •

Wir rekapitulieren: Herr Jungmann braucht etwas von Herrn Erfahren, möchte aber gleichzeitig, dass Herr Erfahren aktiv wird. Das ist ein verbreitetes Verhalten der Generation Y. Sie hat den Eindruck, die Welt habe ihr gegenüber eine Bringschuld. Vielleicht lässt sich das mit der besonderen Erziehung erklären, die sie typischerweise genossen hat (dazu später mehr). Sicher ist: Hinter diesem Verhalten steht weder Respektlosigkeit noch Faulheit, sondern ein anderer Umgang mit Kommunikation und mit Kommunikationsmedien. Die Facebook-Generation kann nicht verstehen, warum die ältere ihr Wissen nicht „mal eben schnell" mit ihnen „teilt".

Doch wie kommt es, dass Vertreter unterschiedlicher Generationen am laufenden Band Missverständnisse produzieren und es nicht einmal merken? Was zeichnet die ältere Generation aus und was die junge? Und wie, vor allem, ticken eigentlich Digital Natives?

Auf der Suche nach Antworten auf diese Frage erfährt man zuerst, dass jede Studie eine andere Definition vorschlägt, Geburtsjahrgänge anders abgrenzt und typische Eigenschaften anders definiert. Deshalb hier ein kurzer Überblick, worum es bei der Abgrenzung der Generationen überhaupt geht – und worin sich die Forscher weitgehend einig sind.

Warum die Generationen so verschieden sind

Offenbar gibt es so etwas wie den typischen Charakter einer Generation. Scott Keeter und Paul Taylor vom US-amerikanischen Forschungsinstitut *PewResearch Center* schreiben in ihrem Beitrag *The Millennials*, dass sich dieser Charakter immer dann zeigt, wenn die ältesten Mitglieder einer neuen Generation in ein Alter kommen, in dem sie sich über ihre eigenen Wertvorstellungen und Weltvorstellungen Gedanken machen:

> *„Generations, like people, have personalities. Their collective identities typically begin to reveal themselves when their oldest members move into their teens and twenties and begin to act upon their values, attitudes and worldviews."* [22]

Allerdings überlappen sich immer verschiedene Effekte, sodass tatsächlich niemals *eine Generation* als monolithischer Block entsteht, der sich sauber von einer nächsten Generation unterscheiden lässt. Keeter und Taylor nennen drei solcher Prozesse:

1. *Life Cycle Effect:* Die Vertreter jeder Generation starten immer als „junge Wilde", werden im Laufe ihres Lebens ruhiger und aus der Perspektive der dann Jüngeren vielleicht sogar „konservativ".
2. *Cohort Effect*: Andererseits gibt es historisch einzigartige Erfahrungen, die eine Generation in ihrer frühen Jugend prägen und die im Laufe des Lebens prägend bleiben.
3. *Period Effects*: Große historische Einschnitte (Kriege, soziale Umbrüche, wissenschaftliche Durchbrüche) wirken auf alle Generationen gleichermaßen ein, unabhängig vom momentanen Lebensabschnitt der einzelnen Generationen. [23]

Normalerweise machen wir uns über derartige Zusammenhänge kaum Gedanken. So ist es Vertretern der Generationen mit den Geburtsjahrgängen 1950, 1960 oder 1970 möglicherweise gar nicht bewusst, welche historischen Einschnitte sie miterlebt haben und wie sie durch diese geprägt wurden. Und der jungen, nach 1980 geborenen Generation ist nicht klar, dass sie tatsächlich in ganz anderen Rahmenbedingungen aufgewachsen ist als „die Alten". Deshalb hier ein kurzer Überblick:

Veteranen

Die Vertreter der Vorkriegs- und Kriegsgeneration sind heute bis auf wenige Ausnahmen im Ruhestand. In ihrer Kindheit oder Jugend haben sie die Schrecken des Nationalsozialismus erlebt – viele von ihnen haben sich von den erlittenen Traumata ihr Leben lang nicht erholt. Die Haltung dieser Generation ist geprägt von Pflichterfüllung und Disziplin, von Loyalität und Respekt gegenüber Autoritäten. Sie bestaunten den Beginn der industriellen Massenproduktion und den Aufschwung der großen Selbstoptimierungslehren für den „technischen Menschen" unter dem Motto *Sich selbst rationalisieren*. Das gleichnamige Buch von Gustav Großmann war 1927 erstmals erschienen und wurde immer wieder (bis heute!) nachgedruckt. Sie erlebten aber auch den ersten Jobfrust des unversehens in einem tristen Leben gefangenen Angestellten, den Siegfried Kracauer 1929 beschrieben hat (*Die Angestellten*) und den William Whyte 1956 unter dem Titel *The Organization Man* auch für die USA auf den Punkt brachte.

Andererseits konnten sie in der Diskussion um das beste Management eine wichtige Wende beobachten: Weg von der reinen Rationalisierung, hin zu kommunikativ-psychologischen Methoden. Parallel dazu verwandelten sich die Büros von tristen Schreibstuben mit zweckmäßigen Arbeitsstühlen, Schreibtischlampen und Telefonen in wohnlichere Räume mit gepolsterten Sitzmöbeln – zumindest bei den leitenden Fach- und Führungskräften. Dass man winzige Computer bedienen, Telefone über weite Distanzen mit sich tragen und keine Aktenordner mehr benötigen würde, war zu dieser Zeit Science Fiction.

Baby Boomers

Der Zweite Weltkrieg hatte in allen beteiligten Ländern die Geburtenrate nach unten gedrückt. Einige Monate nach Kriegsende schnellte die Geburtenrate überall in die Höhe, bis sie mit der Erfindung der Anti-Baby-Pille wieder einknickte. Es wuchs die Generation der Wirtschaftswunderkinder heran, die als äußerst konsumfreudig gilt, die das Ringen um technische Durchbrüche wie den Bau des ersten Atomkraftwerks (1954), die erste Mondlandung (1969) und die Studentenrevolte fasziniert verfolgte – wenn sie nicht sogar selbst auf die Straße ging, um gegen das entfremdete Leben im engen

Hamsterrad von „dodo, métro, boulot" (Schlafen, Metrofahren, Arbeiten) zu demonstrieren. Paradoxerweise entstanden aus den antikapitalistischen Experimenten und alternativen Ideologien dieser Zeit die ersten nichthierarchischen Organisationsmodelle, die sich heute immer mehr durchsetzen.[24]

Generation X

Der kanadische Autor Douglas Coupland erfand im Jahr 1992 mit seinem gleichnamigen Buch die *Generation X*. Diese wuchs mit der neuen Angst vor Aids (ab 1981) auf, wurde geschockt vom Tschernobyl-Supergau und dem Absturz der Challenger (1986), erlebte einen Börsencrash (1987), den Fall der Mauer (1989), sah den Einzug der ersten Computer in die Unternehmen und in die Privatwohnungen, die Globalisierung der Wirtschaft, um das Jahr 2000 dann den Crash der New Economy. So machte diese Generation zwiespältige Erfahrungen: Einerseits schien nicht mehr alles machbar, nicht mehr alles erreichbar, nicht mehr alles sicher. Andererseits taten sich neue Perspektiven auf, die man so nicht erwartet hatte. Umbrüche wurden als Normalfall erlebt, das Leben wurde zur „Baustelle". Verschiedene Studien unterstreichen, dass die Jugend der Generation X geprägt worden sei „vom stetigen Ringen um eine eigene Identität, die sich von der vorherigen Generation abheben sollte".[25]

Hippie wollte man vielleicht nicht mehr sein, ein alter Rocker auch nicht, ein neuer Yuppie aber dann doch nicht und ein altmodischer Angestellter erst recht nicht. In der ersten Hälfte der 1980er Jahre taucht denn auch eine neue Arbeitshaltung auf: Der normale Mitarbeiter wurde zu einem „Unternehmer der eigenen Arbeitskraft", in den 1990er Jahren dann zu einer „Ich-AG", „die aus den Mobilitäts- und Flexibilitätszumutungen der New Economy einen Lebensstil kultiviert".[26] Über Erfindungen wie „Gleitzeit" und „Home Office" lachte man nicht mehr, sondern sah sie als zunehmend normale Einrichtungen an.

Digital Natives

Marc Prensky war der erste, der mit dem Begriff *Digital Natives* arbeitete. Er beschrieb die junge Generation 2001 in seinem Artikel *Digital Natives, Digital Immigrants*[27], während andere Autoren andere Begriffe rund um das gleiche Phänomen prägten: *Net-Generation* (Tapscott, 1995) oder *Milleni-als* (Strauss&Howe, 2000). Zur Beschreibung der Generation X-Nachfolger drängte sich außerdem der Begriff *Generation Y* auf. Anders als ihre Vorgänger wuchsen die Ypsiloner in einem Klima auf, das zwischen Wirtschaftskrise und Aufbruch schwankte.

Zur Erinnerung: 1980 bis 1982 standen im Zeichen der Rezession nach der sogenannten „zweiten Ölkrise". Etwa zehn Jahre später (1991 bis 1994) führte der Wiedervereinigungsboom in Deutschland zu hohen Staatsschulden, Inflation und der längsten Rezession nach dem Zweiten Weltkrieg. Wieder zehn Jahre später (2001 bis 2003) platzte die New-Economy-Blase, kurze Zeit darauf (2007) löste die US-Immobilienkrise eine Finanzkrise aus, von der weite Teile der Weltwirtschaft betroffen sind.

Die Ypsiloner sind heute tendenziell besser ausgebildet als die Generation vor ihr (sagen einige Autoren, andere behaupten das Gegenteil), viele haben ihre Jugendphase bis ins dritte Lebensjahrzehnt hinein verlängert. Ihnen wird von den Älteren vorgeworfen, zu angepasst, zu pragmatisch, zu unpolitisch, zu entscheidungsschwach zu sein. Die Generation selbst sieht das natürlich anders: Politische Schlachten werden von ihr nicht mehr (nur) auf der Straße geschlagen, sondern im Netz. Für die Älteren bleiben diese Debatten deshalb unsichtbar.

Während die Generation der Babyboomer häufig mit vier, fünf oder noch mehr Geschwistern aufgewachsen ist, kommen die Ypsiloner aus kleineren Familien, waren also Einzelkinder oder sind nur mit einem Geschwisterkind aufgewachsen. Für sie standen mehr finanzielle Mittel zur Verfügung, sie haben mehr (elektronisches) Spielzeug bekommen, sie haben mehr Aufmerksamkeit erfahren, mehr mit ihren Eltern diskutiert. Heute finden sie es normal, abwechselnd in verschiedenen Projekten oder auch mal gar nicht zu arbeiten, ihre Meinung in Blogs kundzutun und via Facebook oder Twitter jederzeit und überall mitzu*teilen*, was sie gerade tun.

Für ihre Arbeit brauchen sie kein Büro, keine Akten, keine Schreibmaschine, kein Telefon, keine Krawatte, keine Sekretärin und keinen Chef, sondern nur ein beliebiges Kommunikationsgerät im Hosentaschenformat, mit dem sie sich ins Internet einwählen können. Die neue Freiheit ist nicht grenzenlos positiv, findet Christoph Bartmann, der ein Buch über die *schöne neue Welt der Angestellten* geschrieben hat: „Die neue Kultur der Wissensarbeit mit ihren Netzwerken und Co-Working-Hallen trägt widersprüchliche Züge", schreibt er. „Man könnte sie beschreiben als die Sphäre eines neuen, utopischen Mönchtums, zugleich als die bis dato ultimative Stufe des Konformismus – ‚unsere Entfremdung', könnte man titeln, ‚heißt Selbstverwirklichung'."[28]

Überblick: Von den Veteranen zu X, Y, Z

Die Abgrenzung der einzelnen Generationen erfolgt je nach Studie relativ willkürlich und immer wieder anders. Hier eine Auswahl:

Die **Deutsche Gesellschaft für Personalführung (DGFP)** listet die wichtigsten Eigenschaften der Generationen auf:

Veteranen (geboren zwischen 1922 und 1943):
➜ Engagement, Opferbereitschaft, Geduld, Konformismus
➜ Formalität, Disziplin, Ehre, Recht und Gesetz
➜ Respekt gegenüber Autorität(en)
➜ Pflichterfüllung vor Vergnügen
➜ Stabilität und Erfahrung
➜ Detailorientierung und Gründlichkeit
➜ Loyalität und Beständigkeit
➜ Schwierigkeiten mit Unklarheit, Unsicherheit, Veränderungen, Konflikten
➜ Zurückhaltung bei abweichender Meinung

Baby Boomers (geboren zwischen 1943 und 1960):
➜ Arbeits-, Dienstleistungs- und Kundenorientierung
➜ Optimismus, Antrieb und starker Wille
➜ Teamgeist, Beteiligung und Konsens, Beziehungsmanagement
➜ Persönliche Erfüllung und Wachstum, Egozentrik
➜ Gesundheit, Wohlbefinden und Jugendlichkeit
➜ Prozess- statt Ergebnisorientierung
➜ Schwierigkeiten mit Konflikten und anderen Ansichten
➜ Empfindlichkeit bei Feedback

45

Generation X (geboren zwischen 1960 und 1980):
→ Vielfalt („Diversity") und globale Denke
→ Balance, Ausgleich und Spaß
→ Informelle und antiautoritäre Haltung
→ Eigenverantwortung und Selbstvertrauen
→ Unabhängigkeit und Individualismus
→ Anpassungsfähigkeit und Pragmatismus
→ Affinität zu Technologie und Kreativität
→ Ungeduld und Zynismus
→ Schwierigkeiten im Umgang mit anderen

Generation Y (geboren zwischen 1980 und 2000):
→ Selbstbewusstsein
→ Orientierungslosigkeit und Sprunghaftigkeit
→ Sicherheit und Stabilität
→ Leistung, Sinn und Spaß im Arbeitsleben
→ Wunsch nach Flexibilität in Raum und Zeit
→ Fordert Entwicklung und Kommunikation
→ Geübt im Umgang mit Technologie und Netzwerken[29]

Der **Trendreport 2013** differenziert bei den jungen Generationen stärker:
Generation X
→ Geboren zwischen 1960 und 1970
→ Geprägt durch zunehmende Individualisierung
→ Haltung: „Mit 30 sterben, um mit 70 begraben zu werden."
→ Treiber: Selbstfindung
→ Werte: Freiheit
→ Arbeitsverhalten: „Arbeiten, um zu leben."
→ Wünsche: Durchhalten

Generation Golf
→ Geboren zwischen 1965 und 1975
→ Geprägt durch Wohlstand, Popkultur und Retrokultur
→ Haltung: „Raider heißt jetzt Twix, sonst ändert sich nix."

- → Treiber: Hedonismus
- → Werte: Erfolg
- → Arbeitsverhalten: Glamour, Glanz und Geld
- → Wünsche: Unabhängigkeit

Generation Y
- → Geboren nach 1980
- → Geprägt durch Digitalisierung und Wandel der Medienkultur
- → Haltung: „Sharing is caring."
- → Treiber: Selbstverwirklichung
- → Werte: Transparenz
- → Arbeitsverhalten: „Leben und Arbeiten sind eins."
- → Wünsche: Sicherheit und Zeit

Generation Z
- → Geboren nach 1990
- → Prägend: Leben als Digital Natives
- → Haltung: „Man muss nicht alles wissen, man muss nur wissen, wo es steht."
- → Treiber: Vernetzung
- → Werte: Access
- → Arbeitsverhalten: „Das wird sich zeigen."
- → Wünsche: „Das wird sich zeigen."

Hack-Generation
- → Zeitraum nicht klassifizierbar
- → Prägend: Im Netzwerk ist keiner allein – gemeinsam ist man stark
- → Haltung: Permanent Beta – immer im Prozess
- → Treiber: Kollaboration
- → Werte: Offenheit
- → Arbeitsverhalten: intrinsische Motivation
- → Wünsche: Teilhabe

Schaut man in älteren Quellen nach, findet man zusätzlich differenzierte Schubladisierungen der Generationen zwischen den 1950er und 1990er

Jahren. So schreibt zum Beispiel die Züricher Autorin und Beraterin Betty Zucker, die sich um die Jahrtausendwende als Expertin für die Generation X und die „New Economy" etabliert hatte: „Es gehört zu den wenigen Leiden aller Heranwachsenden, dass sie alle paar Jahre öffentlich als Generation gebündelt im Fernsehen und in Artikeln zur Schau gestellt werden. So erging es

➜ 1957 der ‚skeptischen Generation',
➜ 1967 der ‚übertriebenen Generation',
➜ 1979 der ‚überflüssigen Generation' oder
➜ 1989 der ‚verlorenen Generation'.

Und nun also die Generation X."[30]

Erinnern Sie sich an diese Klassifizierungen? Ich auch nicht. Fast hatte ich auch schon vergessen, dass die Generation X in ihren jungen Jahren von einigen Autoren noch genauso kritisch und herablassend beschrieben worden war wie heute die Generation Y. Laut Betty Zucker etwa als „zynisch, verwirrt, apolitisch oder konservativ, ungebildet, lesefaul, bildversessen und narzisstisch". Damals sorgte man sich nicht um chronische Vernetzungskommunikation bei überlangen Aufenthalten in Kaffeehausketten (so die Kritik heute), sondern um unmäßigen „(M)TV-Konsum, ständiges Zappen, Videoglotzen, Nintendo-spielen und Internetsurfen". So lange ist das noch gar nicht her, und doch klingt das heute anachronistisch.

● ●

JEDE GENERATION TICKT ANDERS (AUS)

Interessanterweise versuchen nicht nur Soziologen oder Jugendforscher die Generationen in ein übersichtliches Schubladensystem zu bringen. Es existieren auch Klassifizierungen, die die Generationen anhand ihrer psychischen Störungen sortieren. Denn offenbar tickt nicht nur jede Generation anders, sondern tickt auch anders aus.

Aus dieser Perspektive entsteht folgendes Bild:

➜ 1880–1920: hysterischer Charakter,
➜ 1920–1970: autoritärer Charakter,
➜ 1970–1995: narzisstischer Charakter,
➜ seit 1995: depressiver Charakter.[31]

Das liest sich zunächst einmal erschreckend, doch tatsächlich bestätigt dieser Befund die oben genannten Klassifizierungen. Um die Entwicklung kurz zu skizzieren: Während sich zu Freuds Zeiten die Psyche unter der Spannung der von außen aufgezwungenen Normen eigene Auswege suchte (Hysterie) und in der Zeit zwischen den Weltkriegen, in den Kriegsjahren und bis in die 1970er Jahre hinein unter einem Übermaß an Repression litt (autoritärer Charakter), neigte sie seit der Hippiezeit zu übertriebener Selbstbespiegelung (Narzissmus), bis sie heute unter dem selbst auferlegten Zwang der ständigen Selbstoptimierung immer häufiger zusammenbricht (Depression, Burn-out).

Grenzen des Generationen-Konzepts

Einerseits sind sich die Forscher der verschiedenen Disziplinen relativ einig darüber, dass und wie sich der Sozialcharakter im Laufe der Dekaden gewandelt hat. Andererseits aber führt die holzschnittartige Darstellung dieser Charaktere auch zu massiven Missverständnissen – vor allem bei der jeweils älteren Generation.

So warnt zum Beispiel Apostolos Koutropoulos, Linguist an der University of Massachusetts (Boston, USA) in seinem Beitrag *Digital Natives: Ten Years after* (2011) vor einer irreführenden Stereotypisierung und Wertung: Digital Natives bildeten keinen monolithischen Block. Diejenigen, die dem Stereotyp des Digital Native entsprächen, seien in der Minderheit. Laut Koutropoulos wirkt ein Generationenkonzept schlimmstenfalls wie ein *othering concept*, das die Digital Natives zu *anderen* erklärt (fast könnte man sagen: *aliens*), um sie aus diesem künstlichen Abstand heraus entweder als besonders privilegiert oder aber als besonders unterprivilegiert abzustempeln.[32] Tatsächlich haben wir beide Wertungen gefunden: in der Literatur genauso wie in unseren Interviews.

Diejenigen, die die Digital Natives als unterprivilegiert bezeichnen, legen zum Beispiel Wert auf die Feststellung, dass diese weniger als 5.000 Stunden gelesen, dafür aber mehr als 10.000 Stunden Videospiele gespielt und 20.000 Stunden vor dem Fernseher gesessen hätten.[33] Verächtlich sprechen sie über die sogenannte „pädagogisch wertvolle" Erziehung im Elternhaus und in der

49

Schule, die jede noch so banale Leistung mit übertriebener Anerkennung gewürdigt habe und so eine Generation von *trophy kids*, eine Kuschelkohorte, oder, noch unfreundlicher formuliert, eine Horde Weicheier herangezüchtet habe, die sich selbst chronisch überschätze und so „wählerisch" sei „wie eine Diva beim Dorftanztee".[34]

Andere Ältere empfinden Neid, wenn sie auf die Freiheiten schauen, die die Jungen schon immer genießen durften und die sie sich heute ganz selbstverständlich nehmen. Manch einer neigt sogar zu Minderwertigkeitskomplexen angesichts der hohen Technik- und Kommunikationskompetenz der jungen Leute: „Aufgewachsen in einer Gesellschaft, die ihre ideologischen Schlachten geschlagen hat, international ausgebildet, dabei offener, toleranter und schneller getaktet, bieten sich ihnen die seit Langem wohl besten Ein- und Aufstiegschancen", formulieren zum Beispiel Eva Buchhorn und Klaus Werle in einem Beitrag für Spiegel Online.[35]

Charles Donkor, Personal-Experte und Partner bei PriceWaterhouseCoopers in der Schweiz, beschreibt das gewachsene Selbstbewusstsein der jungen Generation: „Zum ersten Mal kommt hier eine Generation ins Arbeitsleben, die Fähigkeiten mitbringt, die die Älteren nicht haben – nämlich den Umgang mit Technologie. Das führt zur Einstellung: „Ich lerne von euch – aber ihr müsst auch von mir lernen."[36]

Neben einer Über- oder *Unter*bewertung einer Generation der „anderen" kann es auch dazu kommen, dass das Bild der Älteren in Bezug auf die Jüngeren *schiefhängt*.

Die Studie *Self-image and external perception of the up-and-coming generation of young professionals – Digital Natives Challenge HR Leaders* von Egon Zehnder International in Zusammenarbeit mit der Stiftung Neue Verantwortung zeigte zum Beispiel, dass die Generation der Digital Natives sich selbst ganz anders sah, als sie von Personalverantwortlichen eingeschätzt wurde.

Bei der Befragung von 154 Studenten und 104 Personalverantwortlichen (Dezember 2011, Januar 2012) stellte sich heraus, dass jeder zweite Personalleiter meinte, Mobilität sei für die Generation Y sehr wichtig. Tatsächlich traf das aber noch nicht einmal auf jeden vierten Digital Native zu. Beinahe jeder Dritte bevorzugte eine feste Ortsbindung, was aber nur fünf Prozent der Personalchefs glaubten. Und nur 15 Prozent fanden ein internationales Umfeld motivierend.

„Arbeitgeber denken, sie müssten möglichst viele Auslandsaufenthalte bieten", erklärte Jürgen Deller, Professor für Wirtschaftspsychologie an der Leuphana Universität Lüneburg, gegenüber dem Handelsblatt. Das treffe aber gar nicht zu, weil viele Digital Natives örtlich gebunden seien.

Noch ein Missverständnis: Nur acht Prozent der jungen Leute gaben an, dass digitale Vernetzung für sie sehr wichtig sei – dagegen glaubten 44 Prozent der Personalchefs, das Thema habe eine große Bedeutung. Auf persönliche Kontakte mit Kollegen und Geschäftspartnern und auf den Austausch von Wissen legen aber 62 Prozent der Digital Natives großen Wert.[37]

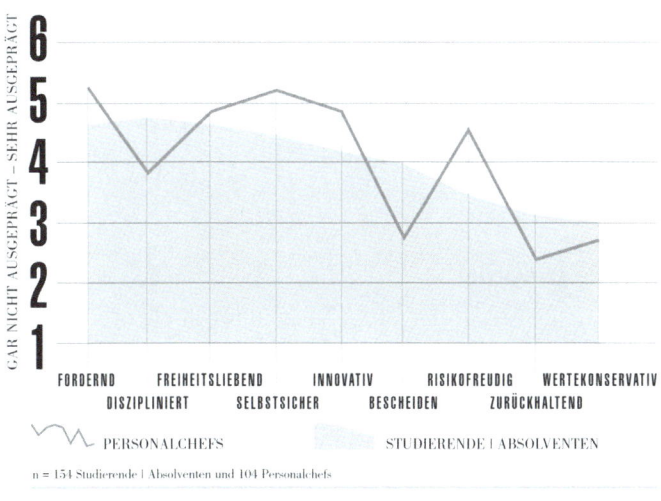

Der ideale Job
für die Generation Y

PERSONALCHEFS: WIE SIEHT DIE IDEALE ARBEITSSITUATION FÜR DIE GENERATION Y AUS

STUDIERENDE I ABSOLVENTEN: WIE STELLEN SIE SICH IHRE IDEALE ARBEITSSITUATION IN DER ZUKUNFT VOR?

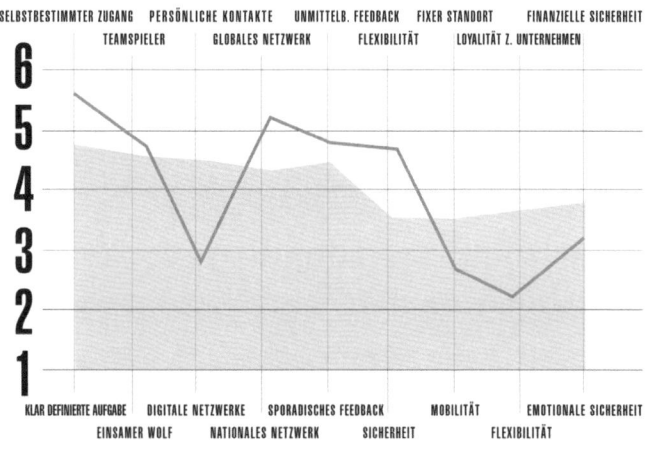

SELBSTBESTIMMTER ZUGANG   PERSÖNLICHE KONTAKTE   UNMITTELB. FEEDBACK   FIXER STANDORT   FINANZIELLE SICHERHEIT
                    TEAMSPIELER   GLOBALES NETZWERK   FLEXIBILITÄT   LOYALITÄT Z. UNTERNEHMEN

KLAR DEFINIERTE AUFGABE   DIGITALE NETZWERKE   SPORADISCHES FEEDBACK   MOBILITÄT   EMOTIONALE SICHERHEIT
             EINSAMER WOLF   NATIONALES NETZWERK   SICHERHEIT   FLEXIBILITÄT

n = 154 Studierende I Absolventen und 104 Personalchefs I Quelle: Egon Zehnder International

Keine digitale Urhorde

Es kursieren offenbar recht stereotype Vorstellungen über die Generation der Digital Natives in den Unternehmen, die nicht zuletzt durch eine mediale Berichterstattung über diese Generation entstanden ist, bei der jeder von jedem abschreibt und das Klischee weiter auspinselt. Doch nicht jeder, der zufällig nach 1980 geboren wurde, sympathisiert automatisch mit der Piraten-Partei oder ist als schwer mit Kommunikationsgeräten bepackter Freak unterwegs. Nicht jeder, der schon als Kleinkind am Computer saß, muss deshalb als andersartig mystifiziert werden. Und natürlich gibt es auch innerhalb der jungen Generation viele unterschiedliche Lebenswelten, Milieus und Wertvorstellungen.

Vielleicht basieren Studien wie die von Egon Zehnder aber auch selbst auf Missverständnissen. So beobachtete Christoph Wurzer, der die Entstehung dieses Buchs als Projektmanager geleitet hat, dass einige Fragen zu spezifischen Umbrüchen innerhalb des Projektmanagements von der jüngeren Generation zwangsläufig missverstanden werden mussten, weil diese mit Projekten vor der digitalen Revolution überhaupt nicht in Berührung gekommen waren.

So werden die *neue* Vernetzung innerhalb der Unternehmen, *neue* Medien der Kommunikation und die *neuen* Freiheiten in Bezug auf die Wahl von Arbeitszeiten, Arbeitsorten und Formen der Zusammenarbeit von Digital Natives *nicht als neu wahrgenommen*, sondern vielmehr als normal. Entsprechend kühl antworten sie mit „Nein, das ist mir nicht wichtig" oder „Nein, mein Arbeitgeber nutzt hier keine neuen Methoden", wenn sie nach diesbezüglichen Neuerungen gefragt werden. Aus der Perspektive der älteren Generation im gleichen Unternehmen indes scheinen alle diese Punkte neu, wenn nicht sogar revolutionär zu sein.

ARBEITGEBER SCHRECKEN VOR DIGITAL NATIVES ZURÜCK

Nur ein Fünftel der Führungskräfte hat ein Faible für die Anstellung von Millenials. Zwei Drittel der Befragten heuern lieber ältere und erfahrene Arbeitnehmer an, wie der Personaldienstleister Adecco im Sommer 2012 in einer Umfrage unter 501 US-amerikanischen Personalern herausfand.

Wenn Personaler gefragt wurden, welche Persönlichkeitsmerkmale sie mit älteren Mitarbeitern verbinden, antworteten 91 Prozent Zuverlässigkeit und 88 Prozent Professionalität. An die gleichen Persönlichkeitsmerkmale dachten bei Millenials nur 2 Prozent (Zuverlässigkeit) und 5 Prozent (Professionalität). Umgekehrt unterstellten 74 Prozent der Personaler der jungen Generation Kreativität und 73 Prozent starke Networking-Fähigkeiten. Diese Merkmale assoziierten wiederum nur 17 Prozent (Kreativität) beziehungsweise 22 Prozent (Networking) der Personaler mit älteren Mitarbeitern.[38]

Postheroische Heldenkinder

Bei allen Unschärfen und Stereotypen, die durch Studien hervorgebracht und durch PR und Medien kolportiert werden, gibt es aber doch einige handfeste Befunde, die zeigen: Die junge Generation, die jetzt ihre Karrieren startet, ist wirklich anders als die Generationen vor ihr. Und zwar, weil sie von Eltern erzogen wurden, die in den 1950 und 1960er Jahren jung waren, die also den wirtschaftlichen Aufschwung und gesellschaftlichen Umbruch hautnah miterlebt haben. Die Methoden der antiautoritären Erziehung waren schon nicht mehr revolutionär, sondern zum Mainstream geworden, als die Generation Y in den 1980er Jahren die Bühne betrat. Der Vater war schon längst nicht mehr der kalte, strafende, die Familie allein ernährende Patriarch. Die Mutter durfte schon längst allein über ihr Vermögen und ihre Karriere entscheiden (wir vergessen oft, dass das nicht immer so war).

Martin Dornes, Soziologe und Psychologe und Mitglied des Leitungsgremiums des Instituts für Sozialforschung in Frankfurt am Main, beschreibt in seinen Überlegungen zur *Modernisierung der Seele* sehr differenziert, wie die Veränderungen in der Erziehung tatsächlich zu psychostrukturellen Veränderungen geführt haben.[39]

Heute stehen nicht mehr „Gehorsam und Unterordnung, sondern Selbstständigkeit und freier Wille" im Mittelpunkt der Erziehung. Moderne Kinder werden nicht mehr nur für ihre Leistungen anerkannt, sondern für ihre pure Existenz („nicht mehr *für* etwas (…), sondern *als* etwas"). Sie werden nicht mehr autoritär gedrillt, sondern dürfen (wenn nicht sogar: sollen) sich frei entfalten. Die Grenzen zwischen den Generationen werden nicht mehr deutlich gezogen und markiert, vielmehr darf (soll) der Nachwuchs bei vielen Fragen partizipieren und mit diskutieren. Das Ergebnis dieser Erziehung lässt sich Dornes zufolge optimistisch, pessimistisch oder ambivalent einschätzen.[40]

Die pessimistische Sicht: Die junge Generation musste sich nicht mit klaren Autoritäten und Grenzen auseinandersetzen, sie musste nicht lernen, Impulse und Triebe zu unterdrücken – dadurch wird ihre Persönlichkeit geschwächt: „Sie wird schlapp, verwöhnt, ansprüchlich, konsumfixiert."

In der optimistischen Perspektive erscheinen die Vorteile der neuen Erziehung: „Die Persönlichkeit wird freier, weniger zwanghaft, flexibler und kreativer." Durch die Individualisierung und Pluralisierung der Gesellschaft und durch die Liberalisierung der Erziehung entstehen mehr „Chancen zur Selbstverwirklichung, ja sogar zur Selbsterfindung". Einmal eingenommene Perspektiven können revidiert, Lebenswege jederzeit verändert werden nach dem Motto: „Hier stehe ich, ich kann auch anders." Das *feeling* wird wichtiger als das *standing*.

Flexibler, aber auch störanfälliger

Die Theorieoption des *ambivalenten Strukturwandels* zeigt ein besonders differenziertes Bild der jüngeren Generation: Ihr typischer Charakter ist aus dieser Perspektive einerseits zwar weniger starr, vielleicht dadurch aber auch weniger stark in der Fähigkeit, störende Triebregungen abzuweisen („Jetzt habe ich keine Lust …"). Aus diesem Grund sind die jungen Menschen vielleicht weniger zielorientiert (sie sagen nicht: „Ich habe keine Lust, erledige das jetzt aber trotzdem …"). Dafür aber können sie verschiedene spontane Impulse integrieren und sind deshalb lebendiger, vielleicht sogar, so denke ich, sind sie deshalb auch intelligenter (weil sie sagen: „Ich habe keine Lust. Das könnte ein Zeichen dafür sein, dass der nächste geplante Schritt im Projekt tatsächlich nicht sinnvoll ist.").

Als Ergebnis der Modernisierung der Seele sieht Dornes einen neuen Typus Mensch: die *postheroische Persönlichkeit*. Dieser Typus hat sich verabschiedet von der „heroischen" Unterdrückung seiner Impulse und auch davon, einmal getroffene Lebensentscheidungen heldenhaft auszuhalten und durchzuziehen. Er ist beweglicher geworden und kann sich permanenten Veränderungen deshalb schnell anpassen. Doch ist der postheroische Mensch „auch verletzlicher und möglicherweise weniger belastbar als sein rustikal erzogener Vorgänger".[41]

> *„Ein starrer Charakter ist dann stark, wenn die Umweltbedingungen konstant sind. Ändern sie sich, so dekompensiert er leichter. Der starr-starke Charakter ist also unter bestimmten Umständen ebenfalls verletzlich, sogar verletzlicher als der entkrampfte. In Gesellschaften mit hohem sozialem Wandlungstempo ist der entkrampfte Charakter der stabilere."[42]*

Martin Dornes

Die postheroische Generation sieht sich selbst nicht mehr als heldenhaft an – auch wenn ihre Vertreter in den von der älteren Generation in Auftrag gegebenen Studien zuweilen als moderne Helden stilisiert werden. Mehr noch: Die Postheroen wollen auch keine heldenhaften Chefs mehr, die bei jedem Problem mit wehendem Mantel in die Szenerie einschweben und retten, was gerade zu retten ist.

Sie reagieren allergisch auf alles, was im Bürovolksmund nach *„par ordre du mufti"* klingt – also auf Entscheidungen, die von oben herab ohne Einbeziehung der Basis gefällt wurden, und auf autoritär-willkürliche Anordnungen, die ohne sachliche Notwendigkeit ausgegeben werden.

„Von klein auf gewohnt, sich mit Autoritäten auf Augenhöhe auseinanderzusetzen, haben sie in Schule und Universität die Bewertung von Lehrern und Profs durchgesetzt – und nehmen nun auch kein Blatt vor den Mund, wenn ihnen ein Projekt, eine Personalie, eine Strategie unsinnig erscheint", schreiben Buchholz/Werle. Sie geben nicht dann Feedback, wenn sie gefragt werden, sondern wenn es ihnen richtig und wichtig erscheint. Gerne per Mail direkt an den CEO.

Wenn sie kein neues Smartphone bekommen oder nicht im Café arbeiten dürfen, verzichten sie auf beleidigtes Maulen in der Büro-Kaffeeküche und setzen den empfundenen Missstand gleich auf öffentliche Plattformen wie Facebook, Twitter oder die Arbeitgeber-Bewertungsplattform Kununu – und damit das Unternehmen unter Druck. Und wenn der Vorgesetzte schreit, zucken sie nicht mehr zusammen wie Dilbert in seinem Bürowürfel. Sie kündigen.

Treffen diese Befunde zu, haben wir es mit postheroischen Heldenkindern zu tun, die genug Selbstbewusstsein und Mut mitbringen, um alte Ordnungen umzustoßen (was eigentlich ein typischer Heldenjob ist), die bisweilen aber zu wenig Erfahrung haben, um die Strukturen der alten Ordnung zu durchschauen. Was für ihre eigenen Projekte nachteilig sein kann – wie der folgende Dialog zeigt, den ich fast wörtlich so in meiner Beratungspraxis erlebt habe.

ÜBER DIE HIERARCHIE GESTOLPERT

Nach einem Meeting treffen sich Unternehmens-Veteran Erfahren und Digital Native Jungmann in der Kaffeeküche. Jungmann ist geknickt, weil seine Präsentation alles andere als erfolgreich verlaufen ist.

Erfahren: Sie sind also Herr Jungmann! Schön, dass ich Sie mal live erlebe. Sagen Sie, haben Sie vor Ihrer Präsentation in Ihrer Abteilung mal vorgefühlt, welche Chancen Ihre Ideen haben könnten?

Jungmann: Natürlich nicht! Sonst hätte mir jemand meine Idee weggeschnappt.

Erfahren: Das wundert mich. Sie sind doch sonst ganz schnell dabei, wenn es um den Austausch von Wissen geht. Ich glaube, dass eine Idee niemals im stillen Kämmerlein ausgearbeitet werden darf. Im Gegenteil ist es ratsam, sich mit mehreren Menschen auszutauschen. Nur auf diese Weise erfährt man, ob das Vorhaben überhaupt Sinn macht. Gut möglich, dass eine ähnliche Idee bereits einmal gescheitert ist – so etwas muss man natürlich wissen. Außerdem muss man rechtzeitig herausfinden, wer mit dem Geschäftsführer entscheidet. In jedem Unternehmen gibt es sogenannte „Machtpromotoren".

Jungmann: Machtpro-...!?

Erfahren: Machtpromotoren.

Jungmann: Und was machen die?

Erfahren: Sie unterstützen ein Projekt kraft ihrer Autorität. Je höher in der Unternehmenshierarchie angesiedelt, desto wirksamer ihre Unterstützung.

Jungmann: Was bedeutet das denn!?

Erfahren: Das bedeutet, dass es sinnvoll ist, Allianzen zu schaffen im Unternehmen. Hier muss man natürlich im Vorfeld aktiv werden. Danach ist es zu spät. Gespräche im Vorfeld verraten oft, ob das Projekt überhaupt eine Chance hat. Im besten Falle hat man bei der Präsentation bereits einige Befürworter.

Jungmann: Der Geschäftsführer hätte trotzdem gegen meine Idee gewettert. Ich habe ein neues Tool präsentiert, mit dem sich Projekte leichter bearbeiten lassen, und er sprach nur von Excel und SAP. Wenn ich das schon höre! SAP geht auf keinen Fall, das ist nur etwas für die Buchhaltung, Controlling und das Lieferantenmanagement. Excel schon gar nicht, denn, seien wir uns ehrlich, das kann man ja manipulieren – und da ist das Risiko viel zu hoch. Mit dem neuen Tool erfüllen wir den ISO-Standard und sind auch FDA-tauglich. Das habe ich im Meeting ja auch gesagt.

Erfahren: Ja, und damit haben Sie dem Rudelführer – um es salopp zu formulieren – ans Bein gepinkelt. Zwischen den Zeilen haben Sie ihm nämlich zu verstehen gegeben: „Du alter Mann! Du hast ja gar keine Ahnung von dem, was ich hier wochenlang ausgearbeitet habe. Du kennst ja nur Excel und kannst das wahrscheinlich nicht mal richtig bedienen! SAP? Hast denn du überhaupt eine Ahnung, was das bedeutet?" Natürlich hat der Geschäftsführer nicht die Zähne gefletscht wie ein Wolf. Stattdessen lächelte er kühl und merkte sich: Dieser unverschämte Knirps macht hier im Unternehmen keine Karriere.

Jungmann: Was!? Aber meine Idee ist doch wirklich gut! Spielt das denn keine Rolle?

Erfahren: Im Zweifelsfall nicht. Denn es gilt Regel Nummer eins: Der Geschäftsführer ist als Alphatier zu akzeptieren. Man muss sich ihm unterwerfen, ob man will oder nicht. Regel Nummer zwei: Fragen immer mit Respekt und Liebe beantworten. Wer gegen diese beiden Regeln zugleich verstößt, kann seine Idee einpacken.

Jungmann: Mit Respekt und Liebe? Wir sind doch hier nicht in einem altmodischen Hollywood-Liebesfilm!

Erfahren: Auch im Management geht es nicht nur um Rationalität, sondern sehr viel um Emotionen. Statt gleich scharf zu schießen, hätten Sie auch anerkennend antworten können. Etwa so: „Herr Direktor, ich bin Ihnen sehr dankbar für den Einwand. Man merkt sofort, dass Sie sich des Themas angenommen haben. Und Sie haben recht. Diese beiden Systeme, Excel und SAP, könnten die Aufgabe ebenfalls übernehmen. Erst nach langer Recherche sind wir zum Ergebnis gekommen, dass das neue Tool doch einige Vorteile gegenüber den anderen Systemen hat. Ich kann Ihnen gerne die Vor- und Nachteile zukommen lassen."

Jungmann: Das ist doch lächerlich! Ich sehe es überhaupt nicht ein, in diesem Hierarchie-Theater mitzuspielen!

Erfahren: Regen Sie sich nicht auf. Wenn Sie hier etwas werden wollen, kommen Sie um die Hierarchie nicht herum. Nutzen Sie Rückfragen doch einfach, um Respekt zu zeigen. Wer dem Rudelführer die Kehle zeigt und sich verwundbar macht, der steigt im Ansehen. Loben, loben, loben – darum geht es. Klingt simpel – dennoch braucht es dafür eine ordentliche Portion Selbstdisziplin.

Jungmann: Ich werde die Spielregeln in diesem altmodischen Unternehmen nie verstehen. Für mich macht das alles überhaupt keinen Sinn …

Erfahren: Und für mich macht Ihr Verhalten keinen Sinn. Wissen Sie was? Ihr Verhalten ist zwar respektlos, aber ich finde Ihre Ideen nicht schlecht. Wenn Sie wollen, coache ich Sie.

Jungmann: Das überlege ich mir. Ich mache aber nur mit, wenn Sie auch bereit sind, von mir zu lernen! Hier im Unternehmen dauert nämlich alles viel zu lange. Die Hierarchie legt doch jeden Impuls lahm. Wir könnten viel schneller und viel besser sein.

Erfahren: Die Hierarchie macht aber auch vieles möglich. Wenn man weiß, wem man die Bälle zuspielen muss und welche Momente sich dazu am besten eignen, kann man auch in diesem „alten Laden" sehr viel erreichen.

Was heißt das nun für das Projektmanagement?

Was bedeuten diese Befunde nun im Hinblick auf unser eigentliches Thema: Das Ende des Projektmanagements? Mit dem Auftritt der Digital Natives in den Unternehmen sind wir radikal mit dem Ende des Industriezeitalters konfrontiert.

Echtzeit. Planbare Maschinenzeiten werden zunehmend durch die Eigenzeiten kreativer Prozesse ersetzt, die permanent auf interne und externe Impulse reagieren – und zwar global. Das Prinzip *Erst planen, dann exakt umsetzen* funktioniert deshalb nicht mehr. In der industriellen Vergangenheit hieß Arbeit oft: Hebel bewegen, und zwar einen nach dem anderen. Jetzt heißt Arbeit: Kommunizieren in Echtzeit. Vernetzt und simultan. Und weil Kommunikation dann besonders fruchtbar ist, wenn Ideen generiert und damit Dinge verändert werden, sind Pläne nicht mehr in Stein gemeißelt. Grundlage und Motor dieser Entwicklung sind die neuen Kommunikationsmedien. Weil für Digital Natives diese Medien aber nicht neu sind, sondern immer schon selbstverständlich waren, nimmt die Generation das Thema nicht übermäßig wichtig.[43]

Im Projektmanagement jedenfalls zeichnet es sich ab, dass das strikte Zeitmanagement des Industriezeitalters unmöglich geworden ist. Die Frage ist: Wenn wir Zeit nicht mehr managen können, wie gehen wir in Zukunft mit ihr um? (Dazu mehr in Kapitel 3).

Freiraum: Festgelegte Arbeitsorte lösen sich auf. Möglich ist das, weil die Wissensarbeiter unter den Digital Natives keine Papierstapel und keine sperrigen Büromaschinen mehr brauchen, um ihre Arbeit zu tun. Ihr Büro passt in eine Westentasche. Deshalb treiben sie ihre Projekte von jedem Ort aus voran – ganz gleich, ob sie in der Wartehalle im Flughafen sitzen, auf der Spielplatz-Bank oder beim Kunden. Digital Natives sind zwar nicht unbedingt global mobil, dass sie aber rund um den Globus kommunizieren, finden sie normal.

Für das Projektmanagement heißt das: Projekte sind nicht mehr an Orte gebunden. Sie können zwar weiterhin in einem Unternehmen stattfinden, genauso aber auch beim Kunden, an wechselnden realen Plätzen oder komplett an virtuellen Orten. Die Projektmanager müssen deshalb nicht mehr einfach nur Räume anmieten („Konfis blocken"), sondern differenzierter über Orte nachdenken: In welcher Arbeitsphase eignet sich welcher Ort am besten? Welche Mitarbeiter arbeiten in welcher Umgebung am effektivsten? Welche Arbeitsschritte sollten an einem realen Ort stattfinden, und wo bietet es sich an, sich auf virtuelle Räume zu konzentrieren? Die Projektmanager der Zukunft müssen also virtuos nicht nur mit dem Faktor Zeit, sondern auch mit dem Faktor Raum umgehen lernen: Sie brauchen ein Verständnis für den Einfluss von Architektur und Design auf Konzentration und Kreativität, und sie müssen wissen, wie sich reale und virtuelle Räume am besten ergänzen. Ihre Kunst besteht nun darin, für einzelne Projektphasen perfekte Räume zu finden – womit wir wieder beim Thema Timing sind. (Mehr dazu in Kapitel 4).

Freundeskreis: Digital Natives betrachten ihre Kollegen häufig als Freunde. Oder umgekehrt: ihre Freunde als Kollegen. Studien zeigen, dass sie ihrem Projekt-Freundeskreis im Zweifelsfall eher treu sind als ihrem Arbeitgeber. Starre Hierarchien finden Digital Natives unlogisch. Sie reden auf Augenhöhe, fordern viel Feedback ein, geben aber auch selbst viel Feedback. Entweder direkt – auch gerne direkt in die obere Führungsetage – oder über die einschlägigen Internet-Plattformen. Karriere bedeutet für sie nicht mehr das mühsame Sprossen-Klimmen auf einer Leiter, sondern ein nur auf kurze Sicht planbares Wandern durch die bunte Landschaft der Projekte. Karriere bedeutet nicht mehr den großen Firmenwagen und den Kugelschreiber mit

Goldspitze, sondern die Freiheit, mit Freunden wann, wie, wo auch immer arbeiten, Sport treiben oder ausruhen zu können.

Für das Projektmanagement heißt das: Anders als noch in früheren Dekaden ist es notwendig, die jüngeren Mitarbeiter als Menschen zu sehen (nicht als reine Arbeitskraft oder gar als Roboter). Es wird in Zukunft viel mehr Zeit und Energie erfordern, durch permanentes Feedback und intensive, gemeinsame Kommunikation Mitarbeiter in Projekten zu halten. Alte Abhängigkeiten haben sich längst aufgelöst – nicht nur, weil Arbeitsverträge oft gar nicht mehr über lange Fristen laufen, sondern weil es sich Digital Natives jederzeit vorstellen können, eine Weile weniger oder gar nicht zu arbeiten. Downshifting wird nicht mehr als Degradierung oder als sozialer Abstieg empfunden, sondern gilt als neue Form der Lebenskunst. (Mehr zu Teamwork und Führung in den Kapiteln 5 und 6).

Natürlich war dies nur eine kurze und stellenweise holzschnittartige Besichtigung der Generation Digital Natives. In den folgenden Kapiteln schauen wir uns ihren projektförmigen Lebensraum genauer an. Denn wir wollen wissen, wie sich Arbeitszeiten, Arbeitsorte und die Formen der Zusammenarbeit aktuell verändern und wie sich das auf das Management von Projekten auswirkt.

Kapitel 3

Alles auf einmal: Wie Digital Natives Zeit managen

M it den Zeitmanagement-Tools der Vergangenheit werden wir der Flut der internen und externen Impulse nicht mehr Herr, die täglich auf ein Projekt einstürzen und es permanent verändern. Wie arbeiten und leben Digital Natives, um ihre Projekte trotzdem erfolgreich voranzutreiben?

Technik: Von der Hauspost zum Microblog

Wer heute vom Zeitmanagement in Projekten spricht, der muss zuerst von der Revolution der Kommunikationstechnik sprechen. Denn diese Techniken sind Katalysatoren der organisatorischen Revolution, die wir aktuell im Projektmanagement beobachten können.[44]

Blicken wir kurz zurück: Vor ungefähr 50 Jahren wurden Briefe in größeren Unternehmen vom Chef diktiert, von der Sekretärin auf einer Schreibmaschine geschrieben, dann per Hauspost versendet. Bis so ein Brief ankam, konnten gut und gerne 14 Tage verstreichen. Um eine Telefonnummer, eine Adresse oder eine Information herauszufinden, waren zeitaufwendige Anrufe oder Archivbesuche notwendig.

In den 1960er Jahren kamen die ersten Fotokopierer auf den Markt, die sich im Laufe der 1970er Jahre rasant verbreiteten. Ende der 1980er Jahre gesellte sich das Faxgerät dazu. Büros experimentierten mit ersten Textverarbeitungsprogrammen, programmierbaren Taschenrechnern und klobigen Zentralrechnern, die Betriebsdaten direkt an die Schreibtische bringen konnten. Informationen konnten so schneller bereitgestellt, verteilt und bearbeitet werden.

Im Laufe der 1990er Jahre nahmen dann die kistenförmigen Bildschirme der ersten „Personalcomputer" Platz auf den Schreibtischplatten, Modems piepsten unter den Tischen, E-Mail-Programme wurden zunehmend genutzt, das Internet vorsichtig erkundet und dann immer forscher bewirtschaftet. Relativ schnell schrumpften die großen Tischcomputer auf kleinere Klapp-Modelle im Umhängetaschenformat zusammen, die heute zunehmend von noch kleineren „Pads" oder „Smartphones" abgelöst werden, die in die Hosentasche passen.

„Gewisse Entscheidungen oder Recherchetätigkeiten hätten vor einigen Jahren eine ganze Woche gedauert. Heute erledigen wir so etwas innerhalb eines einzigen Meetings."

Franz Tonnerer, Geschäftsführer Magna-Presstec

Ein besonders erstaunliches Detail der Entwicklung ist, dass immer mehr Mitarbeiter – und das trifft nicht nur auf Digital Natives zu, sondern auf alle Altersstufen und Hierarchieebenen – lieber mit ihren eigenen Rechnern und Smartphones arbeiten als mit der Technik, die das Unternehmen zur Verfügung stellt. Dieser Trend ist so verbreitet, dass er es schon zu einer eigenen Abkürzung gebracht hat: BYOD für *bring your own device*. Karl Marx wäre wahrscheinlich nicht darauf gekommen, dass es einmal frei flottierende Arbeiter geben könnte, die ihre wichtigsten Produktionsmittel selbst besitzen und permanent mit sich herumtragen wollen, um schon auf dem Weg zur Arbeit arbeiten zu können (Mails lesen und beantworten) und um sich selbst um die Wartung und Organisation ihrer Maschinen kümmern zu dürfen.

Für Fach- und Führungskräfte entstehen so einerseits zwar zusätzliche Kosten, dafür aber verfügen sie tatsächlich selbst über ihre Rechner und können diese endlich unbürokratisch für ihre eigenen Bedürfnisse optimieren. Unternehmen sparen IT-Kosten und profitieren von einer gesteigerten Produktivität, gleichzeitig entstehen ganz neue Probleme mit dem Thema Datensicherheit. Denn: „Allzu schnell landen Unternehmensdaten in privaten Accounts oder in der Cloud."[45]

Apropos Cloud: Zählten vor 50 Jahren staubige Archive und wuchtige Aktenschränke noch zu einer normalen Büroausstattung, so befinden sich die Informationen eines Unternehmens heute zunehmend auf zentralen Speichermedien, die entweder im Unternehmen selbst verwaltet oder aber irgendwo in der Welt eingekauft werden. Wer Kontaktdaten oder Informationen sucht, klickt mal eben schnell ins Internet.

Damit änderte sich die Kommunikations- und Arbeitskultur in den Unternehmen radikal:

Gleichzeitigkeit: Daten und Fakten lassen sich heute von jedem Mitarbeiter in sehr kurzer Zeit finden und verarbeiten. Informationen laufen nicht mehr in hierarchischer Reihenfolge von Person zu Person (Prinzip „Umlaufmappe"), sondern gehen sofort und gleichzeitig an alle Empfänger, die dann simultan reagieren. Antworten von allen Seiten sind nicht mehr nur sofort möglich, sondern werden auch sofort erwartet.

Kompression: Die Kommunikation hat sich zu einem großen Teil auf den sehr schnellen Austausch komprimierter Textnachrichten zwischen Computern oder Mobiltelefonen verlagert. Längere, persönliche Telefongespräche finden weiterhin statt, oft aber nicht mehr spontan. Persönliche Face-to-face-Gespräche werden ebenfalls weiter gepflegt, zunehmend aber mit Hilfe von Videokonferenzen (Connect-us, Shared-View, Skype).

Transparenz: Informationen sind nicht mehr Geheimsache unterschiedlicher Abteilungen, sondern stehen (im Idealfall) jedem Mitarbeiter via Intranet immer und überall zur Verfügung. Jeder hat die Möglichkeit, sein Wissen über interne Netze zu veröffentlichen, und jeder kann seine Fragen an alle Mitarbeiter eines Unternehmens stellen – bei großen Konzernen also an Zehntausende von Experten zugleich. So werden Arbeitsprozesse wesentlich beschleunigt: Statt wochenlang im Unternehmen nach einer Problemlösung zu suchen, können Mitarbeiter nun viele Fragen innerhalb von 30 Minuten klären.

„Etwas geheim zu machen kostet mehr Energie, als volle Transparenz zu leben."

Robert Rogner, CEO Rogner International

Entgrenzung: Der mobile Zugriff auf Informationen einerseits und die mobile Erreichbarkeit über moderne Kommunikationsgeräte andererseits heben die räumlichen und zeitlichen Grenzen zwischen der Privatwohnung („first place"), dem Büro („second place") und den informellen, öffentlichen Räumen wie Cafés, Flughafenlobbys und Parks („third places") auf. Es ist nicht mehr notwendig, für ein Telefongespräch mit dem Kunden morgens früh im Büro zu sitzen – die eigene Küche oder das Café um die Ecke sind genauso geeignet. Das nimmt dem Arbeitsalltag die Hektik. Umgekehrt heißt das: Projektmitglieder kommunizieren zunehmend und wie selbstverständlich auch sehr früh am Morgen, spät am Abend oder am Wochenende. Prozesse werden so beschleunigt, weil niemand mehr auf irgendwelche Öffnungszeiten warten muss. Andererseits kann die neue Pausenlosigkeit auch Stress auslösen.

„Erstaunt stelle ich fest, dass nicht nur ich um Mitternacht noch E-Mails lese. Wenn ich E-Mail-Antworten um diese Zeit absetze, bekomme ich mitunter noch umgehend eine Antwort."

Franz Tonnerer, Geschäftsführer Magna-Presstec

Schöne, schnelle Welt?

Wussten Sie, dass drei Viertel der Digital Natives ihr Smartphone mit ins Bett nehmen – um es direkt nach dem Aufwachen zu *checken*? Für die Vertreter der jungen Generation ist das so normal, dass sie gar nicht darüber sprechen. Für ältere Semester klingen solche Studienergebnisse immer noch erstaunlich.

Laut einer Umfrage des Anbieters Cisco *(2012 Cisco Connected World Technology Report)* gehört das Lesen von Nachrichten zur Morgenroutine der 18- bis 30-Jährigen in Deutschland. 71 Prozent verwenden ihr Smartphone schon vor dem Aufstehen oder wenn sie schon zu Bett gegangen sind. Mehr als jeder dritte Befragte checkt bei einem Essen mit Freunden oder Familienmitgliedern Mail, SMS oder Soziale Netzwerke. Fast die Hälfte verwendet es sogar im Badezimmer und 22 Prozent während des Autofahrens.[46]

Stehen wir damit vor der schönen, neuen Welt des Projektmanagements, in der alles viel schneller und viel einfacher läuft? Oder ist das die

Horrorvision des fremdgesteuerten Menschen, der nur noch mit vernetztem Smartphone in der Hand weiß, wer er ist und wo er als Nächstes hinlaufen muss?

Auch hier können wir wieder eine pessimistische, eine optimistische und eine ambivalente Perspektive entwickeln.

· ·

WAS DIGITAL NATIVES VON IHREM ERSTEN JOB ERWARTEN

Laut einer Studie des IT-Konzerns Cisco legen Berufseinsteiger großen Wert auf Social-Media-Zugang am Arbeitsplatz.

➜ Zwei Drittel erkundigen sich im Vorstellungsgespräch, ob es Zugang zu Social Media gibt.

➜ 56 Prozent würden den Job ablehnen oder das Verbot ignorieren, wenn Social Media im Büro gesperrt wären.

➜ Ein Drittel der Befragten fand Social-Media-Nutzung und freie Wahl der Arbeitsgeräte wichtiger als die Höhe des Gehalts.

➜ 80 Prozent erwarten, private Handys und Laptops im Büro nutzen zu dürfen.

➜ Zwei Drittel finden es überflüssig, zum Arbeiten ins Büro zu gehen.

➜ 60 Prozent glauben, dass sie ein Recht auf Telearbeit und flexible Arbeitszeiten haben.[47]

· ·

Stress und Hektik ohne Grenzen

Zuerst die pessimistische Sicht: Natürlich haben Beschleunigung und Entgrenzung der (Projekt-)Arbeit nicht nur Vorteile für die Mitarbeiter. Eine Fülle von Daten dazu liefert zum Beispiel die DGB-Index Gute Arbeit GmbH, etwa in ihrer Studie *Arbeitshetze, Arbeitsintensivierung, Entgrenzung* (2011). Auf die Frage: „Wie häufig fühlen Sie sich bei der Arbeit gehetzt und stehen unter Zeitdruck?" antworteten hier

➜ 52 Prozent der rund 6.000 befragten Arbeitnehmer: „Sehr häufig" oder „Oft".

➜ 63 Prozent der Beschäftigten machten die Erfahrung, dass sie seit Jahren immer mehr in der gleichen Zeit leisten müssen.

→ 27 Prozent der Studienteilnehmer mussten auch außerhalb ihrer Arbeitszeiten erreichbar sein.

→ 34 Prozent hatte Schwierigkeiten, nach der Arbeit „abzuschalten".

Auch die Vereinte Dienstleistungsgewerkschaft Ver.di zeigt die problematische Seite des technischen Fortschritts auf. Im Sammelband *Mobile Arbeit – Gute Arbeit* schreibt Anja Gerlmaier, Wissenschaftliche Mitarbeiterin am Institut Arbeit und Qualifikation der Universität Duisburg-Essen, dass Mitarbeiter mit wechselnden Projekteinsätzen und solche, deren Leistungen sich primär nach Profitabilitätskriterien bemessen, zunehmend unter Stress und Burn-out litten. Gerade unter den jüngeren IT-Fachkräften seien Berufseinsteiger überdurchschnittlich von Burn-out gefährdet, vor allem dann, wenn sie ohne ausreichende Projektmanagementschulungen und Mentoring eingesetzt würden. Weitere Risikogruppen stellten Projektleiter dar, die ihre Position erst vor Kurzem übernommen haben, und außerdem Mitarbeiter, die in mehreren Projekten parallel arbeiten. Zu den typischen „Belastungsmustern" in der Projektarbeit zählten mehrere Faktoren rund um das Thema Zeit: ungeplanter Zusatzaufwand, Arbeitsunterbrechungen, Zeitdruck und auch Probleme, Arbeits- und Familienzeiten zu synchronisieren.[48]

Freier arbeiten, besser leben

Die optimistische Perspektive macht die Vorteile des neuen Umgangs mit dem Faktor Zeit sichtbar, den moderne Kommunikationsmittel ermöglichen.

Kreativität: Der Output von Kreativen oder von Wissensarbeitern lässt sich nicht exakt mit Kalender und Uhr planen. Kreative Prozesse brauchen ihre Zeit, sie lassen sich auch nicht künstlich beschleunigen. Eigentlich wissen wir das spätestens seit den 1970er Jahren, als der Naturwissenschaftler Ilya Prigogine, ein russisch-belgischer Nobelpreisträger, die Zeitvorstellungen der Physik und die der Biologie zusammenbrachte und damit das mechanistische Denken in Ursachen-Wirkungs-Ketten ablöste durch ein Denken in komplexen System-Zusammenhängen, das typische Eigenzeiten und zyklische Prozesse ins Zentrum der Aufmerksamkeit rückte.[49]

Das ist lange her. Und seit den 1970er Jahren hat dieses Denken bereits Einzug gehalten in die Theorie der Selbstorganisation, in die Systemtheorie, die Synergetik und Kybernetik. Die Forschungen im Bereich der relativ jungen Chronopsychologie stehen noch am Anfang, haben aber schon aufschlussreiche Ergebnisse zur Bedeutung einer gelungenen Synchronisation von menschlichen und umweltbedingten Rhythmen hervorgebracht.

Und doch orientiert sich das Projektmanagement noch immer am Denken im Maschinentakt. Zeitpläne werden am grünen Tisch entworfen, und zwar mit dem Blick auf Uhr und Kalender und ohne Aufmerksamkeit auf die *Dauer*, die bestimmte Abläufe von sich aus erfordern, auf den *Puls*, der für ein Netzwerk typisch ist, oder auf die gesunden *Rhythmen* von *creation* und *recreation* jedes Einzelnen.

Dass Digital Natives hier andere Wege beschreiten wollen, zeigt zum Beispiel der *Student Survey 2013*: 67 Prozent der Befragten wünschen sich eine Kreativzeit-Regelung – um in 20 Prozent der Arbeitszeit neue Ideen und Projekte entwickeln zu können.[50]

Freiheit: Ein weiterer Aspekt, der optimistisch stimmt, ist die größere Freiheit der Arbeitsgestaltung, die durch den Einsatz moderner Kommunikationsmedien entstanden ist. Sie kommt den Digital Natives entgegen, die die Anwesenheitskultur im Unternehmen – also die Pflicht, sich zum Beispiel von 9 bis 5 Uhr in einem bestimmten Gebäude aufzuhalten – als eine Art „Gefangenschaft" erleben, als inhumane Bürokratie, in der die Sesselminuten gezählt werden, nicht aber die entwickelten Ideen.

„Unser Unternehmen hat die Vertrauensarbeitszeit, Home-Office und freie Arbeitsgestaltung eingeführt. Von der älteren Generation hat es auch teilweise eine ablehnende Haltung gegeben. Jetzt finden es alle toll."
Ferdinand Sereinig, Site Manager Philips Consumer Lifestyle,
Geschäftsführer Entwicklung und Produktion

In Deutschland scheint die Mehrzahl der Digital Natives derartige Rahmenbedingungen nicht mehr hinnehmen zu wollen: 54 Prozent der Einsteiger erwarten, sich ihre Arbeitszeit überwiegend frei einteilen zu können. Das ergab eine Umfrage der Unternehmensberatung PricewaterhouseCoopers (PwC) unter 4.271 Absolventen weltweit.[51]

Eine weitere Umfrage unter den weltweit rund 44.000 PwC-Mitarbeitern zeigte, dass die Digital Natives ihr Privatleben nicht der Karriere opfern wollen. Sie forderten deshalb flexiblere Arbeitszeiten (66 Prozent) und die Möglichkeit zur Heimarbeit (64 Prozent).

Balance: Heute geht es nicht mehr darum, eine perfekte Balance zwischen Leben und Arbeit herzustellen. Einerseits ist durch die Entgrenzung der Arbeitszeit und durch die kreativere Gestaltung der Arbeitsräume (dazu mehr im nächsten Kapitel) etwas mehr Leben in die Arbeit gekommen, andererseits hat sich gerade durch die Entgrenzung von Zeit und Raum die Arbeit in das Leben eingeschlichen, sodass wir es gar nicht mehr mit zwei gegenüberliegenden Gewichten zu tun haben. Statt Work-Life-Balance geht es nun um „Work-Life-Blending", also um eine bewusste Vermischung von Arbeit und Leben. Andere sprechen von „Life-Balance" – wobei dieser Begriff die Arbeit dem Leben kurzerhand einverleibt.

„In unserem Umfeld wird statt ‚Work-Life-Balance' die ‚Life-Balance' gefördert, da wir der Meinung sind, dass sich die Grenzen zwischen Arbeit und Freizeit mehr und mehr verschieben."

Brigitte Schaden, Vorstandsvorsitzende von Projekt Management Austria (pma) und Chairman of GAPPS und ehemals Chairman of IPMA

Von der Büro-Anwesenheitskultur zum Online-Zwang

Aus der ambivalenten Perspektive zeigen sich beide Seiten der Medaille zugleich. Einerseits wird also die zeitfixierte Anwesenheitskultur – um nicht zu sagen: der Anwesenheitszwang – in den Unternehmen abgeschafft.

Andererseits wird die Acht-Stunden-Anwesenheitskultur im Büro ersetzt durch eine Non-Stop-Anwesenheitskultur im Netz, die ebenfalls stressig ist, aber viel subtiler funktioniert. So kann ein Digital Native (das Gleiche gilt für jede andere Generation) heute mit dem Smartphone äußerlich völlig entspannt im Café sitzen und tatsächlich voll im Job-Stress sein. Die neuen Freiheiten täuschen über die neuen Zwänge hinweg.

Studien wie zum Beispiel die bereits erwähnte von Cisco zeigen einen steigenden Drang der Menschen, auf ihrem Smartphone nach neuen Nachrichten zu schauen. Drei Viertel der Deutschen fühlen laut Cisco bereits einen deutlichen Zwang dazu, weltweit sind es 60 Prozent. Ob es sich dabei um private und Job-Nachrichten handelt, unterscheiden die Befragten nicht.

„Viele Mitarbeiter sind heute bei der Wahrung ihrer Work-Life-Balance gefordert", erklärte Kathrin Mahler Walther, Vorstandsmitglied der EAF Berlin. „So bleiben sie aus der Gewohnheit heraus ständig online und kommen so nie zu den notwendigen Pausen zur Erholung. Das ist auch dann der Fall, wenn das Unternehmen dies gar nicht erwartet."[52]

Es ist also eine neue Kompetenz gefragt: abschalten, ausschalten, sich bewusst aus den Prozessen ausklinken. Wer das schafft, tut seiner Gesundheit Gutes.

Andererseits aber kann das bewusste Einschalten auch in Momenten, die eigentlich nicht dafür gedacht sind, Stress abbauen. So entgeht zum Beispiel ein Manager oder Mitarbeiter möglichen Angstzuständen im Urlaub oder erheblichem Stress am ersten Arbeitstag nach seinem Urlaub, wenn er in den Ferien regelmäßig Job-Mails liest.

> *„Mit den technischen Hilfsmitteln kann ich wieder Urlaub machen. Dann bin ich immer am Laufenden und es erwartet mich nicht der große Schock am ersten Arbeitstag. Dadurch hat sich aber auch der Begriff des Urlaubs verändert. Wenn ich im Urlaub meine E-Mails lese, bekomme ich ein schlechtes Gewissen, wenn ich mich nicht sofort um die aufkommenden Probleme kümmere."*
>
> Franz Tonnerer, Geschäftsführer Magna-Presstec

Karriereschauspieler in der projektbasierten Polis

Auch die langfristige Perspektive auf den gewandelten Umgang mit dem Faktor Zeit bringt ambivalente Befunde ans Licht: Einerseits fühlen sich Digital Natives nicht mehr festgenagelt auf einmal getroffene Lebens- oder Karriereentscheidungen. Denn in der „projektbasierten Polis" (ein Begriff aus dem Buch *Le nouvel Ésprit du Capitalisme* von Luc Boltanski und Ève Chiapello, 1999) ist auch die Zeitstruktur eine andere als in der „industriellen Polis". Anders als die Generationen vor ihnen bewegen sich die Ypsiloner von Projekt zu Projekt. Um biografische Kontinuität geht es nicht mehr, vielmehr hat sich die Diskontinuität zur neuen Normalität entwickelt.

Das Denken und Planen in „befristeten Engagements"[53] führt einerseits zu einer größeren Freiheit. Andererseits aber verändert es den Charakter der Projektarbeit. Denn neben die tägliche Arbeit an der Sache tritt die tägliche Performance der eigenen Person, die notwendig ist, um sich für Folgeprojekte in Position zu bringen. Die Produktivität des Einzelnen tritt in den Hintergrund, was zunehmend zählt, ist seine „Kompetenzdarstellungskompetenz" (ein wunderbarer Begriff der Soziologin Michaela Pfadenhauer). So werden Mitarbeiter immer mehr zu Schauspielern ihrer selbst. Und schlimmstenfalls verwandelt sich Projektarbeit in eine Casting-Show.

Für das Projektmanagement heißt das heute: Nicht nur sind die Märkte volatiler geworden, die Entwicklungszyklen kürzer, die Projektlaufzeiten rasanter. Auch die Mitarbeiter bewegen sich schneller zwischen Projekten, Arbeitgebern, Branchen.

Das gilt auch für die Arbeit jenseits der Projekte: Spätestens zwei Jahre nach ihrem Einstieg suchen Absolventen sich einen neuen Job. Das zeigt zum Beispiel die Studie *Culture Shock! Generation Y and their managers around the world* der britischen Ashridge Business School. In Großbritannien haben dieser Studie zufolge nur 57 Prozent der Absolventen überhaupt vor, zwei Jahre lang bei einem Arbeitgeber zu bleiben. In Indien sowie im Nahen Osten seien es 75 Prozent, in Malaysia 87 Prozent.[54] In Deutschland sieht es ähnlich aus: Während die unter 30-Jährigen in den Achtzigerjahren im Schnitt 814 Tage bei einem Unternehmen blieben, sind es heute nur noch 536 Tage – so das Ergebnis einer Studie des Instituts für Arbeitsmarkt- und Berufsforschung (IAB).[55]

„Bei Projektlaufzeiten von zwei Jahren muss man schon damit rechnen, dass danach zwei bis drei Leute weg sind."
Bikash Dhar, Project Manager Mixed Signal Design bei
Lantiq Austria GmbH

Dadurch entsteht für das Projektmanagement eine neue Herausforderung: Wenn mit einzelnen Personen verbundenes Wissen kurzfristig abwandert, kann dies für Projekte existenziell gefährlich werden. Denn bei aller modernen Zeit-Flexibilität: Der Aufbau eines produktiven Teams, von Kompetenz und Wissen funktioniert nicht von heute auf morgen.

Vom Zeitmanagement zum Timing

Bei jungen Projektmanagern beobachte ich einen neuen Umgang mit der Zeitplanung: Es wird vieles nicht *getimet*, sondern offengelassen. Digital Natives wissen instinktiv, dass Zeitpläne schneller veralten, als sie sich aufstellen lassen. Sie wissen, dass es oft gute Gründe hat, wenn Prozesse länger dauern als gedacht. Und dass es oft sinnvoll sein kann, in einem solchen Fall nicht noch mehr Druck zu machen, sondern Anspannung aus dem Prozess herauszunehmen. Nach neuen Perspektiven zu suchen. Zu schauen, ob sich durch ungeahnte Entwicklungen mit der Zeit neue Chancen ergeben.

Selbstorganisation: Life-Hacking statt Zeitplanung

Das neue Zeitverständnis zeigt sich nicht nur im Projektmanagement, sondern zuerst im eigenen Umgang mit der Zeit, in der Selbstorganisation der Digital Natives.

Ich beobachte zunehmend, und das bestätigen auch Management- und Karriereexperten, dass Digital Natives Mittel und Wege „gegen vollgepackte Terminkalender" suchen und außerdem „pragmatische Alternativen zu den Fragen nach den großen und langfristigen Lebenszielen, die als Grundlage für das klassische Zeitmanagement gelten".[56]

Gedacht wird nicht in der Kategorie des großen Masterplans, sondern eher aus der Lego-Baukasten-Perspektive. So überlegen sich die jungen Fach- und Führungskräfte nicht unbedingt, wo sie in fünf oder zehn oder dreißig Jahren stehen wollen. Sie planen auch nicht exakt, welche Arbeitsschritte sie in acht Wochen erledigt haben wollen.

Stattdessen peilen sie eine ungefähre Richtung an und überlegen dann jeden Tag, wie viel Arbeit in wie viele Legostein-Zeiteinheiten passen könnte, und wie sich diese Zeit-Steine am besten so aufeinander bauen lassen, dass die Sache Spaß macht, stabil genug steht und vielleicht auch noch schön aussieht. „Es ist wichtig, beim Zeitmanagement die spielerische und kreative Ader auszuleben", bestätigt Cordula Nussbaum, Trainerin und Journalistin, Gründerin des Netzwerks Campus für Kreative Chaoten, die so etwas ist wie eine Botschafterin der neuen Digital-Native-Arbeitskultur, obwohl sie selbst gar nicht zu dieser Generation zählt.[57]

Von ihr stammt übrigens der geradezu paradox klingende Vorschlag, 20 Prozent der Arbeitszeit zum Trödeln einzuplanen, weil dabei gute Ideen entstehen können. Nach dem Motto: Mit geplantem Gammeln effektiver arbeiten.

Projektmanagement: Das Momentum nutzen

Diese neue Haltung ist ganz anders als die der Führungskräfte alter Schule, die sich selbst als breitschultrige Kapitäne auf der Brücke von Riesentankern erlebten. Die neuen Zeitmanager sind Postheroen. Sie kämpfen nicht um die Einhaltung absurder, irgendwo am grünen Tisch entworfener Zeitpläne. Sie verzichten auf einsame Entscheidungen, donnernde Machtworte, heroische Gesten. Die Besten von ihnen verstehen es vielmehr, den „Dingen ihren Lauf zu lassen, weil der Lauf der Dinge nicht zu stoppen, wohl aber zu steuern ist". Sie schauen weniger auf ihre Pläne, sondern auf das Potenzial der gegebenen Situation und ergreifen – so formuliert es Minimal-Managment-Denker Frank Schäfer – im richtigen Augenblick „die richtigen, weil günstigen Gelegenheiten – diese Haltung ist die Basis, auf der die hohe Kunst des guten Führungstimings fußt". [58]

Um Timing geht es also und nicht mehr um Zeitmanagement der alten Schule. Lernen lässt sich dies übrigens sehr gut von Experten für politischen Wahlkampf oder Aktivisten von sozial- oder umweltpolitischen Bewegungen. Sie arbeiten mit dem jeweiligen *Momentum*. Also mit dem Potenzial einer gegebenen Situation, die sich nicht herstellen, wohl aber nutzen lässt.

Beispiel Dokumentation: Schneller dank Selbstorganisation

Es geht darum, weniger zu führen, um insgesamt schneller und beweglicher agieren zu können – und das mithilfe neuer, medialer Möglichkeiten.

Beispiel Projektdokumentation: Die Deutsche Bank arbeitet mit dem Microblogging-Tool *The Wire*. Lead Business Analyst Jochen Adler beschreibt, wie drastisch das Tool den Zeitaufwand für die Projektdokumentation verringert:

„Als Projektmanager sollte ich jeden Freitag einen Statusbericht mit Terminen und Meilensteinen an das Management abgeben. Das bedeutet, dass je-

den Donnerstag eine Telefonkonferenz über den Status des Projekts mit dem Team stattfindet. Effektiver ist da das Microblog. Jeder schreibt im Lauf der Arbeitswoche ins Microblogging-Tool, und aus diesen Informationen im Activity-Stream speisen wir den Statusbericht, den unser Vorgesetzter dann auswerten und weitergeben kann. Das ersetzt zwar nicht zu 100 Prozent das Telefonat, aber statt 90 Minuten dauert die Telefonkonferenz dann nur noch 15 Minuten, weil wichtige Informationen zum Status der einzelnen Aufgaben schon im Vorfeld bekannt sind."[59]

War es für frühere Projektmanager-Generationen also noch üblich, lange Konferenzen zum Projektfortschritt abzuhalten, auf deren Grundlage dann eine ausführliche Projektdokumentation erstellt wurde, so setzen sich heute wesentlich schnellere und präzisere Methoden durch, die weitgehend ohne Steuerung durch eine Führungskraft funktionieren.

Auf der Suche nach neuen Methoden

Unsere Interviews haben uns gezeigt, dass das Zeitmanagement innerhalb der Projekte immer anspruchsvoller wird, weil Projekte kurzfristiger in Auftrag gegeben werden, weil sie kürzere Laufzeiten haben, weil sie sich schneller rechnen sollen:

„Früher lag die Durchlaufzeit von Projekten zwischen neun und 18 Monaten. Heute sind vergleichbare Projekte in drei bis vier Monaten zu realisieren. Selbstverständlich bei gleich hoher Qualität. Kürzere Reaktionszeiten lassen auch die Anforderungen an die Mitarbeiter steigen und die Erwartungen auf Kundenseite werden immer größer – nach dem Motto: better, faster, cheaper."
Dev Sharma, Vice President & Strategic Account Management
MCI Headquarter

„In den letzten Jahren ist der Zeitdruck enorm gestiegen und die Durchlaufzeiten haben sich extrem verkürzt. Und dies mit zusätzlichen Anforderungen wie Musterentwicklung und Zertifikaten. Es wird eindeutig komplexer."
Josef Bayer, CEO Josef Bayer Kartonagen

„Bei unseren Kunden beobachten wir die Tendenz zu kleineren Projekten mit kurzer Laufzeit, welche einen unmittelbaren Mehrwert für ihre Fachbereiche liefern sollen. Zudem fordern heutige Projekte einen immer kürzeren Return on Investment, das heißt eine kürzere Zeit, in welcher sich Projekte für das Unternehmen und ihre Anleger rentieren."

Harry Thomsen, Geschäftsführer SAP Deutschland AG & Co. KG

Das Arbeiten nach Plan wird unter solchen Rahmenbedingungen zunehmend schwierig, zumal sich, wie wir bereits gesehen haben, nicht nur die Zeitpläne, sondern auch die Ziele eines Projekts permanent ändern können. Schlimmstenfalls endet ein Projekt, das starr nach Plan gemanagt wurde, in der geplanten Zeit am geplanten Ziel – doch niemand kann mehr etwas damit anfangen.

Deshalb suchen Experten intensiv nach neuen Methoden, um mit Zeit in Projekten zeitgemäß umzugehen. Eine erste Annäherung findet über das Suchen nach neuen Bildern statt: So wird zum Beispiel das klassische Projektmanagement mit einer Reise via Flugzeug verglichen. Hier sind Start- und Landezeit ebenso fest vorgegeben wie die Flughöhe und -geschwindigkeit. Festgelegt ist auch die Position von Start- und Landebahn, außerdem erhält der Pilot laufend Anweisungen vom Tower. Entsprechend wird ein Projekt im klassischen Projektmanagement minutiös durchgeplant.

Zeitgemäßes Projektmanagement funktioniert diesem Bild zufolge eher wie eine Motorrad-Tour. Hier wird unterwegs entschieden, ob Autobahn oder Landstraße geeigneter sind. Der Fahrstil wird dem Wetter angepasst, bei Erschöpfung eine Pause eingelegt. Entsprechend versuchen moderne Projektmanagement-Methoden, weder den Weg zum Ziel vorzugeben noch das Ziel selbst in Stein zu meißeln.[60]

„Je mehr Du nach Plan arbeitest, umso mehr bekommst Du das, was Du geplant hast, aber nicht das, was Du brauchst."

Wikipedia, Stichwort Agile Softwareentwicklung

„Die höhere Komplexität und Beschleunigung fordert mehr Agilität – von den Mitarbeitern UND von den Kunden.“

Dev Sharma, Vice President & Strategic Account Management
MCI Headquarter

Agil heißt das neue Zauberwort

Neue Projektmanagement-Methoden, die einen anderen, einen agileren Umgang mit dem Faktor Zeit erproben, sind zuerst im Rahmen von IT-Projekten entstanden – und zwar schon in den 1990er Jahren. 1995 wurde die Methode *Scrum* erstmals auf einer Fachkonferenz beschrieben, und zwar mit den Worten: „Scrum akzeptiert, dass der Entwicklungsprozess nicht vorherzusehen ist. Das Produkt ist die bestmögliche Software unter Berücksichtigung der Kosten, der Funktionalität, der Zeit und der Qualität.“[61] 1999 erschien das erste Buch zum Thema *Extreme Programming*. 2001 formulierten IT-Experten bei einem Treffen in Utah das *Agile Manifest*, an dem sich agiles Projektmanagement noch heute orientiert.

● ●

DAS AGILE MANIFEST

„Wir zeigen bessere Wege auf, Software zu entwickeln, indem wir es selber tun und anderen dabei helfen, es zu tun. Durch unsere Arbeit sind wir zu folgender Erkenntnis gekommen:

Menschen und Interaktionen sind wichtiger als Prozesse und Werkzeuge.
Funktionierende Software ist wichtiger als umfassende Dokumentation.
Zusammenarbeit mit dem Kunden ist wichtiger als die ursprünglich formulierten Leistungsbeschreibungen.
Eingehen auf Veränderungen ist wichtiger als Festhalten an einem Plan.
Das heißt: Obwohl die Punkte auf der rechten Seite durchaus wichtig sind, halten wir die Punkte links für wichtiger.“[62]

● ●

Scrum setzt sich durch

Eine der wichtigsten agilen Projektmanagement-Methoden trägt den eingängigen Namen *Scrum*. Der Begriff kommt eigentlich aus dem Rugby-Sport

77

und bedeutet *Gedränge*. Sie kennen die Bilder von dicht gedrängten, gebückt in Hab-Acht-Stellung verkeilten Rugby-Spielern sicherlich aus dem Fernsehen.

Sinn und Zweck dieses Gedränges ist laut Rugby-Regel Nummer 20 folgender:

> *„The purpose of the scrum is to restart play quickly, safely and fairly after a minor infringement or a stoppage."*
>
> (Law 20)

Was hat das nun mit Projektmanagement zu tun? *Scrum* versucht, die Komplexität von Projekten durch drei Prinzipien zu reduzieren:

→ **Transparenz:** Der Fortschritt und die Hindernisse eines Projekts werden täglich und für alle sichtbar festgehalten.

→ **Überprüfung:** In regelmäßigen Abständen werden Produktfunktionalitäten geliefert und beurteilt.

→ **Anpassung:** Die Anforderungen an das Produkt werden nicht ein und für alle Mal festgelegt, sondern nach jeder Lieferung neu bewertet und bei Bedarf angepasst.

Anders als im klassischen Projektmanagement gibt es keine Anforderungslisten und auch keine Umsetzung in vorab festgelegten Phasen. Stattdessen wird eine Vision formuliert, außerdem gewünschte Funktionalitäten aus der Sicht der späteren User (*user stories*). In *sprints*, die nicht kürzer als eine Woche und nicht länger als vier Wochen dauern sollen, werden die einzelnen *user stories* abgearbeitet und so das Produkt entwickelt.

Tempo zählt: Jeden Tag trifft sich das Projektteam 15 Minuten lang zum *daily scrum* – einer Art Lagebesprechung. Die dort diskutierten Aufgaben dürfen nicht länger als einen Tag dauern. Ein *sprint* sollte in der Regel nicht kürzer als eine Woche und nicht länger als vier Wochen dauern.

Bezeichnungen wie *user story* zeigen die Herkunft dieser Methode aus der IT-Entwicklung. Heute werden agile Methoden aber auch außerhalb der IT-Entwicklung eingesetzt. Eine Umfrage der Fachhochschule Koblenz in Kooperation mit der GPM (*Status Quo Agile*) zeigte, dass sich agile Methoden wie *Scrum, Extreme Programming* und *Kanban* seit 2008 immer stärker durchsetzen, auch wenn sie mehrheitlich mit klassischen Methoden kombiniert werden. Fast ein Viertel der befragten Unternehmen setzt agile Methoden auch außerhalb des IT-Bereichs ein. Insgesamt bewerteten die Anwender agiler Projektmanagement-Methoden die von ihnen genutzten Praktiken in allen Kriterien (z.B. Termintreue, Mitarbeiterzufriedenheit) besser als die Anwender klassischer Projektmanagement-Methoden.[63]

Grenzen des agilen Spiels mit der Zeit

Agiles Projektmanagement hat das Potenzial, sich zu *der* Projektmanagement-Methode der Digital Natives zu entwickeln. Agile Zugänge nämlich machen es möglich, den Faktor Zeit in den Griff zu bekommen, indem man sie gerade nicht per Stoppuhr und Kalender in die Zange nimmt, sondern indem man sie als Dauer, Puls und Rhythmus im Netzwerk wirksam werden lässt.

Doch leider hilft auch das Zauberwort *agil* nicht immer und nicht überall.

Rechtliche Rahmenbedingungen

Es klingt wunderbar, wenn agile Projektteams selbst entscheiden können, auf welchem Wege und mit welchen Methoden sie das gesetzte Ziel erreichen wollen. Allerdings ist es fest Angestellten nicht erlaubt, völlig frei über ihre Arbeitszeiten zu bestimmen. Die Arbeitsgesetze setzen bestimmte Höchstgrenzen und fordern auch das Einhalten von Urlaubszeiten – nicht, um dem agilen Projektmanagement in die Parade zu fahren, sondern um die Gesundheit der Mitarbeiter zu schützen. Dazu kommen interne Regelungen, die zum Beispiel durch die Betriebsräte durchgesetzt werden. So setzte der Betriebsrat im VW-Konzern zum Beispiel durch, dass Mitarbeiter mit Tarifvertrag außerhalb der Arbeitszeit keine Mails mehr bekommen.[64] Es ist leicht vorstellbar, dass die Digital Natives in einem solchen Fall sofort auf ihre privaten Mail-Adressen ausweichen, um kreative Prozesse trotzdem weiter zu treiben.

„In Österreich und Deutschland ist es schwierig, den Mitarbeitern sämtliche Freiräume zu gewähren. Die Arbeitsgesetze schreiben den Arbeitgebern Rahmenbedingungen vor, wie etwa die Veranlassung einer maximalen Arbeitszeit

pro Tag. Gerade Digital Natives empfinden solche Regeln oftmals als Ein-schränkung ihres persönlichen Freiraums.“

Alfred Veider, CEO Thales Austria GmbH., Vice President Thalesgroup

Harte Termine

Wenn bei einem Projekt klare Zeitvorgaben gegeben sind (die *Olympischen Spiele* finden statt!), helfen zumeist keine agilen Methoden. In solchen Fällen sind herkömmliche Methoden mit klar definierten Zeitphasen oft von Vorteil – auch wenn hier permanent umdisponiert und neu geplant werden muss (sehr amüsant dazu ist die BBC-Mockumentary *Twenty Twelve*, die ein Projektteam bei seinem verzweifelten Versuch beobachtet, die Olympischen Spiele 2012 in London zu organisieren).

Ein agiler Umgang mit Zeit ist vor allem in schnell veränderlichen Rahmenbedingungen sinnvoll, oder wenn die Ziele und Anforderungen erst im Laufe des Prozesses definiert werden können. Harte Termine setzen der Agilität feste Grenzen.

Schlechte Stimmung stört agiles Handeln

Agiles Projektmanagement funktioniert nur, wenn das Team Offenheit und Transparenz praktiziert und wenn Vertrauen herrscht. Ist das nicht gegeben, brechen die alten Machtspielchen durch – und die kosten immer Zeit.

In einem solchen Fall können auch die täglichen Kurzbesprechungen zur reinen Farce verkommen: Man trifft sich kurz, jeder liefert eine kurze Performance ab – aber niemand lässt sich in die Karten schauen. So weiß keiner wirklich, wie das Projekt voranschreitet. Vor allem dann nicht, wenn im Sinne der Agilität auf eine umfassende Dokumentation verzichtet wird. Agiles Projektmanagement funktioniert nur, wenn das Team Hand in Hand arbeitet. Deshalb werden Digital Natives zwar vielleicht weniger Zeit mit Projektplanungen verbringen, dafür aber mehr Zeit mit Teambuilding.

„Projektmanagement wird in Zukunft immer mehr Bedeutung gewinnen. Allerdings wird die Gewichtung anders sein als heute: Teambuilding, Innovationskraft, Durchlaufzeit, Tempo und die Bedeutung des Momentums werden steigen. Wir werden mehr Freiraum benötigen, um dies bewältigen

zu können. Den lokalen Bedürfnissen muss trotz einheitlicher Systeme mehr Beachtung geschenkt werden."

General Direktor KR Harald J. Mayer, Eduscho Austria GmbH und Präsident des Tee- und Kaffee-Verbands

Zeit zum Nachdenken einplanen

Ich bin ein leidenschaftlicher Verfechter von neuen Methoden, die dem herkömmlichen und offenbar nicht mehr funktionsfähigen Projektmanagement ein Ende bereiten und zugleich neue Perspektiven eröffnen. Vor allem dann, wenn es um einen zeitgemäßen Umgang mit dem Faktor Zeit geht.

Ich habe aber die größten Bedenken, wenn agile Methoden verwechselt werden mit Aktionismus.

• •

TERMIN GEHALTEN, ABER FALSCHES ZIEL ERREICHT

In einem Projekt, an dem ich unglücklicherweise selbst beteiligt war, galt es, innerhalb von drei Monaten eine komplette Produktionsstraße aufzubauen. Ein sportlicher Zeitplan – doch mein Team und ich wollten die Herausforderung annehmen. Mit vereinten Kräften planten wir, setzten wir um, und tatsächlich konnten wir nach drei Monaten stolz die fertige, voll automatisierte Anlage präsentieren. Doch der Auftraggeber fiel aus allen Wolken: Er hatte vergessen zu erwähnen, dass er ausdrücklich keine voll automatisierte Anlage wollte, sondern ein einfacheres Modell, das zu großen Teilen von Hand bedient werden sollte. Der Grund: Die Anlage sollte nach Brasilien verkauft werden. Und dort sind weder die Mitarbeiter für derartige Maschinen ausgebildet, noch gibt es einen funktionierenden Ersatzteil-Service. In der Hektik war dieser doch sehr zentrale Punkt unter den Tisch gefallen.

• •

Fakt ist: Arbeitet ein Projektteam so perfekt Hand in Hand wie ein gut eingespieltes Ballsport-Team, dann kann es schnell sein und zugleich in einen wunderbaren Flow-Zustand eintreten. Ich selbst habe jahrelang als Profi-Volleyballer in der Österreichischen Bundesliga gespielt – deshalb wähle ich an dieser Stelle diesen Vergleich.

Aber: Sinnvolles und effizientes Arbeiten im Projekt gelingt nur, wenn sich alle Mitglieder des Projektteams immer wieder viel Zeit nehmen, um gemeinsam zu reflektieren: Wie genau schaut unser Ziel aus? Was haben wir gut gemacht? Was lief nicht gut, und warum? Was müssen wir in Zukunft bedenken? Geschieht dies nicht, wird Scrum zu einer sportlichen Projekt-Performance, die mit intelligentem Projektmanagement nur noch wenig zu tun hat. Fehlt die gemeinsame Reflexion, kann ein Projektteam nicht aus seinen wertvollen Erfahrungen lernen und sogar seine gemeinsame Vision verlieren.

„Es fehlt die Zeit für die Reflexion. Die junge Generation wirkt verloren in der Vielfalt und perspektivenlos."

Robert Rogner, CEO Rogner International

Minimal-Management-Vordenker Frank Schäfer und ich haben sehr ähnliche Beobachtungen gemacht, wenn es um den Umgang der neuen Projektmanager mit dem Faktor Zeit geht. Und interessanterweise kommen er und ich ursprünglich aus dem (Profi-)Mannschaftssport – Schäfer aus dem Fußball, ich aus dem Volleyball.

Das, was Schäfer als Aufgabe für zukünftige Manager formuliert hat, sehe ich heute bereits in der Projektmanagement-Praxis der Digital Natives: Die Besten von ihnen klinken sich immer wieder aus der täglichen Hektik aus, um *das Spiel* von außen zu betrachten. Ganz in Ruhe. Denn nur aus dieser Position können sie erkennen, ob das Timing im Zusammenspiel stimmt. Und nur aus dieser Perspektive können sie die entscheidenden Augenblicke wahrnehmen, in denen Führung wirksam werden kann.

● ●

UNERSCHROCKEN, UNABHÄNGIG, HARTNÄCKIG

In einem Automotive-Projekt konnte ich einen Projektleiter der Digital Native-Generation beobachten, der diese Art des Zeitmanagements perfekt beherrschte und souverän umsetzte – mit einer großen Portion Unerschrockenheit insbesondere gegenüber der älteren Generation.

Der junge Projektleiter war neu zu einem Projektteam gestoßen, das komplett aus Ingenieuren und Spezialisten bestand. Diese steuerten die Herstellung von

Bauteilen in verschiedenen Werken. Die große Herausforderung des Teams bestand darin, dass die Bauteile immer wieder verändert werden mussten und dabei gleichzeitig Kosten gesenkt werden sollten.

Die Herausforderung des Projektleiters stellte sich anders dar: Er musste sich als einziger Nicht-Ingenieur und als ein Projektleiter, der deutlich jünger war als etliche Teammitglieder, permanent gegen Widerstände behaupten. „Du verstehst ja nichts von der Technik, nun arbeite Dich doch endlich in die Materie ein!", bekam er von den Ingenieuren zu hören. „Technische Details interessieren mich nicht, ich will das *big picture* sehen", widersprach der junge Projektmanager beharrlich.

Über drei Jahre blieb er bei dieser Position. Immer wieder stoppte er die Berechnungen des Teams, weil er mit gesundem Menschenverstand erkannte, dass sich einzelne Ingenieure in technischen Details verloren, die nichts mehr zum Erfolg des Projekts beitragen konnten. Immer wieder hielt er dem Unverständnis des Teams stand. Er konzentrierte sich konsequent darauf, Wichtiges von Unwichtigem zu unterscheiden. Er bewahrte sich sein unabhängiges Denken, ganz gleich, was die „alten Hasen" auch zu bemängeln hatten.

Nach Abschluss des sehr erfolgreichen Projekts bedankte sich das Team bei seinem jungen Projektmanager. „Wir haben Dich immer für einen technischen Ignoranten gehalten", gaben sie zu. „Aber letztendlich hast Du das Timing immer besser im Blick gehabt als wir. Ohne Deine Interventionen hätten wir den Termin niemals halten können."

Was heißt das nun für das Projektmanagement?

Das veränderte Verständnis von Zeit und der gewandelte Umgang mit Zeit wirken unmittelbar auf das Projektmanagement. Dabei sehe ich zwei zentrale Themen: Erstens die Verschiebung von einem detaillierten Timing auf eine intelligente Nutzung des Momentums um Energien besser zu nutzen und um Kreativität besser zu entfalten. Zweitens eine Tendenz zur Beschleunigung, die daraus resultiert, dass wir ortloser, gleichzeitiger und kurzfristiger arbeiten.

Konzentration auf Energie: Ich bin der Meinung, dass sich Zeit nicht per se managen lässt. Ich spreche eher davon, die vorhandene Zeit entsprechend zu nutzen und sich dessen bewusst zu sein, wohin die Energie investiert wird ... Mein Motto: „You can't manage time. You can manage your energy."

Kreativität: Wenn wir nicht mehr zuerst auf die Uhr schauen, um produktiv zu werden, sondern auf die Dynamik unserer psychischen und physischen Prozesse (Stichworte Eigenzeit, Rhythmus), hat unsere Kreativität sehr viel größere Chancen, sich zu zeigen und zu entfalten.

Kurzfristigkeit: Aufträge werden kurzfristiger vergeben, Arbeitsverträge haben zunehmend kürzere Laufzeiten. Dass Kunden und Kollegen wechseln, ist keine Ausnahme mehr, sondern die Regel. Projektteams müssen deshalb in kürzeren Zeithorizonten denken und handeln. Neue Managementmethoden wie zum Beispiel Scrum versuchen, dieser Entwicklung Rechnung zu tragen, indem sie Nachjustierungen in sehr kurzen Abständen möglich machen.

Ortlosigkeit und Gleichzeitigkeit: Da unsere Daten zunehmend „ortlos" gespeichert sind und wir auch nicht mehr auf bestimmte Orte angewiesen sind, um zu arbeiten, entfallen Warte- und Wegezeiten. Alle Projektmitglieder können von überall her sofort und gleichzeitig reagieren. Das beschleunigt Arbeitsprozesse ungemein.

Im nächsten Kapitel schauen wir uns genauer an, wie sich die Orte unserer Arbeit verändert haben und weiter verändern werden.

Kapitel 4

Überall Büro: Wo Digital Natives an Projekten arbeiten

D ie neue Generation trägt ihr Büro ständig mit sich herum – in Form von Smartphones und Tablets. Deshalb ist sie auch nicht mehr darauf angewiesen, im Büro zu arbeiten oder sich im Konferenzraum zu treffen. Büro ist heute überall: Im Café, am Strand, zu Hause. Und Meetings sind auch überall: Mitten in der Werkhalle oder in der Mall. Was heißt das für das Projektmanagement der Zukunft?

Architektur: Vom Kontor zum Spielplatz

Ich vermute, dass das Büro ungefähr so alt ist wie das Geld. Je mehr der spontane Tauschhandel ersetzt wurde durch den gezielten Verkauf von Waren, desto mehr wuchs die Notwendigkeit, buchhalterisch abzurechnen.

Schon im Mittelalter unterhielten Händler eigene Büros mit Tisch, Stuhl und Tintenfass. In Hafenstädten, in denen der Handel mit fernen Kontinenten florierte, etablierten sich Kontore, die zum Beispiel auf den An- und Verkauf von Kaffee, Tee und Gewürzen spezialisiert waren. Dass sich Büro, Verkaufsraum, Lager und Wohnung der Händler häufig in einem einzigen Haus befanden, kann man heute noch in den alten Hansestädten sehen.

Um 1850: Einzug der preußischen Ordnung

Ab der zweiten Hälfte des 19. Jahrhunderts brachte die Industrialisierung die ersten effizient durchorganisierten, vom Takt der Maschinen bestimmten Fabriken hervor. Die neuen Arbeitsformen vertrugen sich erstaunlich gut mit den

85

bereits eingeübten, preußischen Tugenden: Zuverlässigkeit, Sparsamkeit, Bescheidenheit, Ehrlichkeit und Fleiß. Viele Unternehmen wurden in dieser Zeit genauso strikt durchorganisiert wie der preußische Staat. Und so ist es auch kein Zufall, dass die für die Produktion von bürokratischen Hilfsmitteln wie Ordner, Hefter und Locher bekannte Firma Leitz im Jahr 1871 gegründet wurde – also genau in der so genannten *Gründerzeit*, die geprägt war durch zahlreiche Unternehmensgründungen, durch den Aufbau von Aktiengesellschaften, durch den starken Ausbau der Industrieproduktion und des Eisenbahnnetzes. (Zur Erinnerung: 1873 kam dann der große *Gründerkrach* – eine heute fast vergessene Finanzkrise, die der Gründerzeit ein jähes Ende setzte.)

Die Arbeit im Büro war eine ernste Angelegenheit, geprägt von mühsamen Routinetätigkeiten unter der gestrengen Kontrolle des Geschäftsführers. Rechenmaschinen gab es zwar schon, aber in Form von mechanischen Apparaten.

Um 1930: Zweckform und frühes Design

Zwischen den beiden Weltkriegen teilte sich die Ästhetik der Bürowelten. Auf der einen Seite entstanden Business-Class-Büros für Unternehmer und leitende Angestellte, auf der anderen Seite schlichte Bürovarianten für Mitarbeiter in unteren und mittleren Positionen. Diese waren nicht schön – das hätte auch niemand erwartet –, sie waren einfach nur zweckmäßig und effektiv. Der Münchener Kulturhistoriker und emeritierte Professor für Kunstpädagogik an der Universität Oldenburg Gert Selle beschreibt in seinem Buch *Geschichte des Design in Deutschland*, diese Gestaltung sei sogar „der nackte Ausdruck der Unterwerfung abhängiger Arbeit unter die rationalisierte Ökonomie, die den modernen Angestellten und Arbeiter erzeugt hat".[65]

Auf der anderen Seite sieht er in den Büros des aufstiegsorientierten, um Selbstdarstellung und Distinktion bemühten mittleren und oberen Managers um 1930 hypermoderne Objekte von höchster, technoider Eleganz. Der leitende Angestellte modernen Typs „findet im Genuss und Gebrauch dieser Dinge wieder, was seinem Bewusstsein der Konkurrenzfähigkeit und persönlichen Effektivität entspricht", schreibt Selle.

In den USA stellte sich der Arbeitsplatz Büro in einer weiteren Variante dar: Ein typisches Büro war hellgrün gestrichen, mit dunkelgrünen Metallmöbeln eingerichtet. Der Schreibtisch stand immer schräg in einer Ecke, davor einige Besuchersessel, dahinter ein zweiter Tisch, der mehr oder weniger ordentlich mit Akten und Papier belegt wurde.[66]

Vernetztes Arbeiten mit starkem Teamgeist und ohne hierarchisches System – daran war in diesem Setting noch nicht zu denken. Doch die Wende kam rasch.

Um 1950: Demokratisierung der Büroarbeit

Aus unserer heutigen Perspektive erscheint es erstaunlich, dass die ersten, auf Teamarbeit und Kreativität angelegten Bürokonzepte schon um 1950 entstanden. Die Innenarchitektin Florence Knoll war eine der ersten, die die kommunikativ-psychologische Wende, die sich langsam vollziehende Demokratisierung und den Einzug der ersten Frauen in das Management verstand und in avantgardistische Einrichtungen umsetzte. Sie gestaltete ganze Büroetagen offen, sorgte für wohnliche Sofas und Sessel und für ovale Konferenztische, an denen sich alle Gesprächspartner bequem sehen und einfacher miteinander kommunizieren konnten.

Die führenden Unternehmen erkannten schnell das Potenzial, das in den neuen Bürokonzepten steckte. Der Stil des Unternehmens *Knoll International* setzte sich durch: nicht nur in den Zentralen der Industrie, sondern auch in Behörden, Museen und Flughäfen, und nicht nur im Top-Management, sondern im Laufe der Zeit auch in den Räumen der „kleinen Angestellten" – in denen freilich das zentrale Arbeitsgerät nicht der einladende Sessel, sondern die mechanische Schreibmaschine war.

Quelle: Knoll, www.knoll.com

Um 1980: Siegeszug der Computer

In den 80er Jahren des vergangenen Jahrhunderts rollte die große Welle der Digitalisierung durch alle Branchen. Durch die vernetzte Kommunikation beschleunigten sich die Prozesse, weltweite Zusammenarbeit wurde zur Normalität. Einerseits veränderten sich dadurch kreative Prozesse (Fotografie, Architektur, Produktdesign, Zeitungen etc. entstanden nunmehr ohne Papier am Computerbildschirm). Andererseits entstanden neue Sachbearbeiter-Jobs, für die nun nicht mehr als ein winziger Bürokubus und ein Telefon notwendig waren. Von Demokratisierung oder gar Humanisierung der Arbeit waren (und sind) derartige Büros weit entfernt.

Projektmanagement ist in einem solchen Setting nur schwer möglich, weil die Kommunikation der Mitarbeiter untereinander durch die Architektur praktisch ausgeschaltet wird.

Quelle: Design Career, http://designcareer.wordpress.com

Um 2000: Das Büro macht mobil

Die permanente Verkleinerung der elektronischen Geräte bescherte den Büroarbeitern zunächst Laptops, ab 2005 dann die noch kleineren Netbooks und seit 2010 Tablet-Computer in Taschenbuch-Größe. Parallel dazu setzte sich das Smartphone durch, das heute alle Varianten des Kommunizierens, Recherchierens und Archivierens per Text, Ton und Bild in einem Gerät vereint. Cloud-Technologien befördern *seamless* und *smart working*, und zwar komplett unabhängig vom Standort des Unternehmens.

Damit sind die mechanischen und die elektrischen Werkzeuge, die zuvor Büroarbeit überhaupt erst möglich machten, aus den Büros verschwunden. Übrig geblieben sind elektronische Geräte, die sich bequem auch ohne Schreibtisch bedienen lassen. Da ist es nur konsequent, dass heute auch die Schreibtische aus den Büros verschwinden. Und in weiterer Konsequenz auch die Büros selbst. Doch soweit sind wir noch nicht.

So viel zur technischen Sicht. Zugleich hat sich der Schwerpunkt der Arbeit selbst verschoben: Statt immer gleiche Prozesse in einem immer gleichen Büro routiniert abzuwickeln, kommt es heute darauf an, in komplexen und sich immer wieder verändernden Rahmenbedingungen und in wechselnden Teams Wissen weiterzuentwickeln und neue Ideen zu kreieren.

„Die Gestaltung der räumlichen und technologischen Arbeitsumgebung – ob nun im Bürogebäude oder mobil – übt einen massiven Einfluss auf Leistungsfähigkeit, Motivation und Wohlbefinden der sogenannten Büro- und Wissensarbeiter aus.“

Fraunhofer IAO: Arbeitswelten 4.0, 2012

Tisch, Stuhl und Lampe sind daher aus dem Fokus der Bürogestalter gerückt. Heute geht es vielmehr darum, Atmosphären zu erzeugen.

Schaut man sich die neuen Bürokonzepte von Unternehmen wie Microsoft, Google oder Credit Suisse an, ist man nicht mehr sicher, ob man sich in einem avantgardistischen Hotel, einem Freizeitpark, einer Autobahnraststätte oder einem TV-Serien-Raumschiff befindet. Bei diesen Büros handelt es sich um künstliche Welten, in denen in der einen Ecke mit Dschungelpflanzen Natur nachempfunden und in der anderen mit Möbel-Ikonen

89

der klassischen Moderne Wertigkeit dargestellt wird, in einer Nische mit Anleihen aus dem Caféhaus oder der Berghütte Authentizität simuliert und in wieder einer anderen mit übergroßen Sitzbällen und Rutschbahnen um Leichtigkeit gerungen wird.

Ging es um 1930 in den Büros um Diskretion und Distinktion, so stehen heute Simulation und Stimulation im Mittelpunkt. Saßen 1950 Führungskraft und Mitarbeiter erstmals gemeinsam auf dem Sofa, so begegnen sie sich heute in einer Biergarten-Simulation, wenn nicht sogar im Bällchenbad.

> *„Um attraktiv für die Right-Potentials der neuen Generation zu sein, schaffen große Unternehmen helle, freundliche Kommunikationsinseln. Diese fördern aktives Netzwerken und den sozialen Austausch. Das kommt gut an."*
> Brigitte Schaden, Vorstandsvorsitzende Projekt Management
> Austria (pma) und Chairman GAPPS

Quelle: Camenzind Evolution, www.camendzindevolution.com

Implosion der Orte

Der US-amerikanische Stadtsoziologe Ray Oldenburg war es, der um 1990 die Unterscheidung zwischen den wichtigsten Aufenthaltsorten des Menschen ins Spiel brachte. Ihm zufolge ist der Wohnort der *first place*, der Arbeitsort der *second place* und informelle, öffentliche Treffpunkte wie Cafés und in manchen Kulturen auch Frisöre sind *third places*.

Quelle: Agencia Brasil, www.agenciabrasil.gov.br

Gerade in Europa – in Wien, Berlin, Paris – war und ist das Kaffeehaus ein elementar wichtiger Ort zwischen Arbeitsplatz und Privatwohnung. Hier traf sich die „kreative Klasse", die damals noch Bohème hieß, und die statt mit tragbarer Kleinelektronik mit kleinen Notizbüchern und Bleistiften arbeitete – der Kult-Notizbuch-Hersteller Moleskine verweist exakt auf diese Kultur des späten 19. und frühen 20. Jahrhunderts, um für seine Produkte zu werben.

In den 1880er Jahren war zum Beispiel das Wiener Café Griensteidl ein wichtiger Katalysator der Großstadtmoderne. Hier bildete sich eine lebendige Gegenöffentlichkeit, hier formierten sich avantgardistische Kreise. Seit den 2000er Jahren erleben wir nun einen Boom amerikanischer Kaffeehaus-Neuinterpretationen im Ketten- oder Franchise-Format, die als Reimport einer alten, europäischen Kultur zurück nach Europa kommen und sich zu neuen, wichtigen *third places* der Avantgarde entwickelt haben.

Holm Friebe und Sascha Lobo brachten dieses Phänomen schon 2008 in ihrem Buch *Wir nennen es Arbeit* auf den Punkt:

> *„Was gelegentlich bereits abfällig als ‚Cappuccino-Kapitalismus' geschmäht wird, ist zu einem Gesellschaftsphänomen geworden: Menschen sitzen mit ihren Laptops ganztägig im Café und nennen es Arbeit."*
> Holm Friebe/Sascha Lobo: Wir nennen es Arbeit (2008)[67]

Unternehmen mit avantgardistischen Raumkonzepten bauen nun Büroräume, die aussehen wie Cafés, Parks, Spielplätze. Sie schleusen klassische *third places* in die Büros ein, um von der inspirierenden, kommunikativen und offenen Atmosphäre, die diesen Orten traditionell anhaftet, für ihr Business profitieren zu können.

Das ist logisch gedacht: Einer Studie der Uni Gallen zufolge entstehen zum Beispiel nur zehn Prozent der Ideen in Meetings. Die meisten kommen in der Natur, zu Hause, auf Reisen, beim Sport.[68] Und laut einer Untersuchung des Zukunftsinstituts sagen 94 Prozent der deutschen Arbeitnehmer, sie bekämen die besten Ideen außerhalb des Büros.[69] Kein Wunder also, dass Unternehmen versuchen, das „Außerhalb" zu einem neuen „Innerhalb" zu machen.

Das Ergebnis könnten wir als Implosion der Orte beschreiben: Der *first place* des Menschen, seine Wohnung oder sein Haus, ist durch Home-Office-Lösungen und die Allgegenwärtigkeit des Smartphones schon längst zum *second place*, also zum Büro geworden. Mit dem Nachbau der informellen, öffentlichen Lieblingsorte der Mitarbeiter mitten im Büro implodieren nun auch noch *second places* und *third places* zu einem einzigen Ort. In der Folge bleibt kein Ort mehr übrig, der nichts mit der Arbeit zu tun hat.

Home is, where my phone is

In der Perspektive des Skeptikers ist das eine Katastrophe. Es ist die totale Entfremdung des Menschen, der dem Büro praktisch nicht mehr entkommen kann. „Der Mensch braucht Tapetenwechsel, um abschalten zu können", wendet sich zum Beispiel Berthold Iserloh, Organisationspsychologe in Gelsenkirchen, gegen eine zu starke Verschmelzung der Lebensbereiche. Ein echter Spaziergang in der Natur während der Mittagspause entspanne immer noch mehr als eine Pause an einem Arbeitsplatz, der die Natur mit Alpenpanorama-Tapete simuliert. So schön die neuen Wohlfühlelemente auch seien: Unterm Strich handle es sich immer noch um ein Büro.[70]

IMMER MEHR SCHREIBTISCHE ZU HAUSE

Laut bso-Studie bieten 42,5 Prozent aller Unternehmen mit mindestens zehn Mitarbeitern zumindest Einzelnen die Möglichkeit, zu Hause zu arbeiten. In Unternehmen mit mehr als 200 Mitarbeitern werden sogar 57,3 Prozent Homeworker beschäftigt. Von diesen arbeitet etwa die Hälfte (51,7 Prozent) flexibel wechselnd zwischen Büro und zu Hause, rund ein Drittel (31,7 Prozent) arbeiten in fester Aufteilung im Büro und im Homeoffice, ein Sechstel (16,7 Prozent) arbeitet ausschließlich zu Hause.

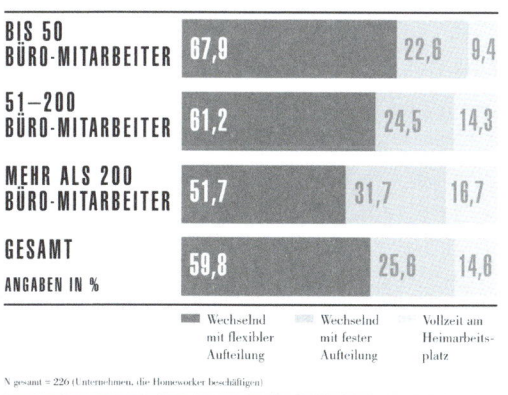

Welches ist die häufigste Art des Homeworks in Ihrem Unternehmen?

Quelle: New Work Order, Seite 35

Und weil sich insbesondere Digital Natives in virtuellen *third places* wie Facebook zunehmend zu Hause fühlen, funktioniert der eigene *first place* für sie auch nur noch als Ort der Entspannung, wenn das Smartphone griffbereit ist. „My home is, where my phone is", könnte man diese Haltung auf den Punkt bringen. Leider gilt gleichzeitig: „My job is, where my phone is." Wie gesagt: Für die Digital Natives gibt es die Trennung zwischen den *first, second* und *third places* so nicht mehr. Die Frage ist, wie dramatisch das für sie – und im nächsten Schritt für die Projekte, in denen sie tätig sind – wirklich ist.

Alles so schön bunt hier

In der optimistischen Sicht bringt die Verschmelzung der Orte neue Freiheiten mit sich. Der Digital Native ist nicht mehr auf seine Wohnung angewiesen, um sich auszuruhen. Er ist nicht mehr auf das Büro angewiesen, um zu arbeiten. Und er ist nicht mehr auf das Café angewiesen, um in entspannter Atmosphäre Gesprächspartner zu finden. Je nach Lust und Laune arbeitet er zu Hause, im echten oder am Arbeitsplatz simulierten Café, in der echten oder am Arbeitsplatz mit Bücherwandtapetenillusion nachempfundenen Bibliothek, auf der echten Alm oder in der nachgebauten Berghütte.

Forscher haben herausgefunden, dass es für unser Gehirn keinen großen Unterschied macht, ob wir uns in echte oder in simulierte Umwelten begeben: In unserem Hirn führt eine Bahn vom visuellen Kortex zum *Gyrus parahippocampalis* – also von der Region, die die Signale der Netzhaut empfängt, bis zu dem Ort, an dem die Signale zu Szenen zusammengebaut werden. Die Nervenzellen entlang dieser Bahn haben Endorphin-Rezeptoren, können also morphinähnliche Moleküle aufnehmen, die das Gehirn selbst produziert. Diese Nervenzellen werden aktiv, wenn wir schöne Bilder betrachten: ein Panorama, einen Ausblick, einen Sonnenuntergang, Bäume. Überspitzt gesagt, kann also eine gelungene Fototapete im Hirn einen Morphiumrausch auslösen, wenn auch nur einen kleinen.[71]

Stahlhartes Gehäuse in Tarnfarben

In der ambivalenten Sicht wird einerseits deutlich, dass Unternehmen als auch Mitarbeiter von der Implosion der Orte einerseits profitieren und andererseits neue Risiken eingehen.

Zuerst zu den Mitarbeitern: Grundsätzlich haben diese nun die Chance, je nach Projekt, Arbeitsbelastung, Lust und Laune einen Ort zu suchen, der für den Moment am besten geeignet ist. Anders als im 20. Jahrhundert müssen sie dazu nicht stundenlang durch die Stadt fahren, sondern wechseln von Café zum Tischkicker, zur Lounge, zur Bibliothek oder zur Stillarbeitskammer binnen Minuten. Wer mit dieser neuen Freiheit nicht gut zurechtkommt, irrt allerdings den ganzen Tag lang verwirrt durch die bunten Räume, findet weder seine Kollegen noch seine Unterlagen und kann sich am Abend dann auch nicht im Café entspannen, weil das genauso aussieht wie sein Arbeitsplatz. Das „stahlharte Gehäuse der Hörigkeit" (so hatte der Soziologe Max Weber die Bürokratie des frühen 20. Jahrhunderts genannt) wäre damit also nicht verschwunden, es hätte sich nur mit bunten Farben getarnt.

Die Unternehmen erwarten laut einer Umfrage des Verbands Büro-, Sitz- und Objektmöbel (BSO) tatsächlich, dass die offene Raumgestaltung das eigenverantwortliche und kreative Arbeiten sowie die Teamarbeit fördert – also nicht zuletzt das moderne Projektmanagement effektiver macht. Skeptiker sehen hier freilich sofort das Risiko mangelnder Humanität am Arbeitsplatz und eine gnadenlose Unterordnung des Mitarbeiters unter die Zwänge der Effektivität (um nicht zu sagen: des Kapitalismus).

Unternehmen wie die Deutsche Bank und die Deutsche Telekom genauso wie ThyssenKrupp und BMW haben tatsächlich bereits Bürozellen abgeschafft. Durch diesen Schritt allerdings zwingen sie sich selbst dazu, ihre Führungskonzepte zu modernisieren – und das begeistert wiederum die Befürworter neuer Bürokonzepte. Kontrollierende Führung auf Sicht funktioniert nämlich nicht mehr, wenn der Vorgesetzte gar nicht weiß, ob seine Mitarbeiter gerade im Café sitzen oder in der Raumkapsel. Stattdessen ist Führung in modernen Bürosettings praktisch nur noch mit der Konzentration auf gesetzte Ziele möglich und auf der Grundlage einer vertrauensvollen Kollaboration. Nebenwirkungen wie *Präsentismus* – das heißt, dass Mitarbeiter überlang am Arbeitsplatz ausharren oder ihre Anwesenheit durch in der Nacht angeschaltete Schreibtischlampen und am Sessel hängende Sakkos simulieren, um Fleiß zu demonstrieren – treten bei einem solchen Führungsstil im Idealfall nicht mehr auf. (Zum Thema Führung mehr in Kapitel 6).

Vom festen Arbeitsplatz zum freien Spiel im Open Space

Bei den Digital Natives hat ein grundsätzlicher Wandel stattgefunden. Nicht nur, was ihren Umgang mit dem Thema Projektzeitmanagement angeht, sondern auch, wie sie Arbeitsräume nutzen.

Für die Fach- und Führungskräfte früherer Generationen war das eigene Büro mit Namensschild ein wichtiges Statussymbol: je höher die Etage, je dunkler der Teppichboden, je zahlreicher die Fenster, je besser der Ausblick und je teurer der Wand- und Schreibtisch-Schmuck, desto weiter war man in der Karriere gekommen. Parallel dazu kämpfte man um den besten Parkplatz, auf den man einen möglichst großen Firmenwagen parken wollte.

Meinem Eindruck nach legen Digital Natives (im Moment – vielleicht ändert sich das mit zunehmendem Alter) kaum Wert auf ein repräsentatives Büro. Die eigene Limousine wird von vielen als eher peinliches Accessoire verstanden, lieber schmückt man sich mit einem High-Tech-Fahrrad, das man nach dem Gebrauch wie ein Kunstwerk am Wandhaken präsentiert. Einen Parkplatz braucht ein Digital Native also, wenn überhaupt, dann an einer Bürowand.

„Wir haben einen attraktiven Standort ausgewählt, der mit öffentlichen Verkehrsmitteln und auch mit dem Fahrrad leicht erreichbar ist. Wir haben seitdem mehr Bewerber für ausgeschriebene Stellen. Für unsere Mitarbeiter gibt es Incentives, wie z.B. die Jahreskarte der Wiener Linien. Das kommt auch bei den Digital Natives gut an.“
Alfred Veider, CEO Thales Austria GmbH., Vice President Thalesgroup

Der Erfolg des einzelnen (Projekt-)Mitarbeiters spiegelt sich also nicht mehr in der Größe und Qualität der Räume, die er okkupiert hält. Worin aber dann?

Ich vermute, dass in den Unternehmen selbst (*second places*), aber auch in den zahlreichen *third places*, die nach wie vor außerhalb der Unternehmen zum Arbeiten besucht werden, das an Bedeutung zunimmt, was die Italiener unter *bella figura* oder *bella presenza* verstehen: die Kunst, einen guten Eindruck zu machen durch ein besonders gepflegtes (hierzulande vielleicht eher: ein besonders individuelles) Aussehen und gute Manieren (hierzulande

vielleicht eher: geschulte Soft Skills). Dazu kommen elektronische Kleinge-
räte der neuesten Generation (gerne die eigenen statt die des Unternehmens).

Und immer mehr die Räume, die jeder Einzelne im Netz besetzt und
bespielt: Eigene Internet-Präsenzen, eigene Blogs, ein gepflegter Auftritt auf
Facebook, Xing, und so weiter.

Selbstorganisation: Der Kopfarbeiter als Flaneur

Digital Natives erinnern mich manchmal an die literarische Figur des Fla-
neurs: Menschen, die mehr oder weniger planlos durch die Straßen und
über die Plätze der Großstadt streifen, beobachten, sich inspirieren lassen,
reflektieren, zusehen und sich selbst sehen lassen. Die Flaneure des 19. und
20. Jahrhunderts sind allerdings zu *dandy*, um tatkräftig Projekte voranzutreiben. Und interessanterweise werfen ältere Generationen genau das auch
der in Begleitung ihrer Smartphones flanierenden Generation Y vor. Sie fragen sich: „Wollen die auch arbeiten?" (So titelte *Die Zeit* am 7.3.2013).

Die in Projekten effektiv tätigen Digital Natives freilich wissen genau, was
sie wie und wo am besten erledigen können. Sie pendeln gezielt zwischen allen
möglichen Arbeitsorten und wählen jeweils den situativ am besten geeigneten
aus. Ihr Büro ist multipel. Sie flanieren mit ihrem Smartphone von Ort zu Ort.

Home-Office auf dem Sofa: In der schon erwähnten Umfrage unter
44.000 Mitarbeitern der Wirtschaftsprüfungs- und Beratungsgesellschaft
PwC gaben 64 Prozent der befragten Millennials an, gelegentlich von zuhau-
se aus arbeiten zu wollen (das Gleiche sagten übrigens auch 66 Prozent der
Nicht-Millennials!). Der Wunsch nach Flexibilität in der Bestimmung von
Arbeitszeit und -ort wird also immer deutlicher.

Digital Natives, die zu Hause tätig sind, können nach meinem Eindruck
Projekte oftmals schneller vorantreiben als andere Mitarbeiter im Büro: Sie
werden nicht ständig von flanierenden Kollegen unterbrochen und sind nicht
in der Gefahr, im Vorbeigehen Zusatzaufgaben aufgebrummt zu bekommen.
Außerdem können sie die Zeit, die sie ansonsten im Stau oder in der Bahn
verbringen, gleich in die Arbeit investieren. Dass parallel zur Arbeit auch
noch Wäsche und Einkauf erledigt, die Mutter gepflegt oder der Sohn von
der Kita abgeholt werden kann, kann (im Einzelfall) das Stress-Niveau zusätzlich senken und die Produktivität erhöhen.

IBM gilt als ein Unternehmen, das auf die Flexibiltitäts-Bedürfnisse der Gen Y gut vorbereitet ist. Hier arbeiten mehr als 100.000 Menschen regelmäßig *nicht* im Büro. Etwa 40 Prozent der Mitarbeiter sind ohne festen Arbeitsplatz unterwegs. Dank Vertrauensarbeitszeit und moderner Technologie können sie ganz selbstverständlich auf dem Sofa arbeiten.[72] Oder an einem beliebigen *third place*.

Coworking-Spaces: Die Freiberufler unter den Digital Natives haben übrigens ganz eigene *second spaces* entwickelt. Sie treffen sich in Gemeinschaftsbüros, in denen sich Arbeitsplätze nach Bedarf anmieten lassen.

Der Trend ist jung: Im Jahr 2011 gab es laut *Deskmag* 1.129 Coworking-Spaces weltweit, in denen sich Freiberufler tageweise, wochenweise oder für einige Monate einmieten können. Das entspricht in Europa einem Zuwachs von 98 Prozent seit Oktober 2010![73]

Meiner Einschätzung nach wird es nicht lange dauern, bis auch Unternehmen ihren Mitarbeitern einen Platz im Coworking-Space anbieten – und zwar als zusätzliche Alternative zum herkömmlichen Duo *Home-Office* oder *Office*. Etwas länger wird es wohl dauern, bis sich Unternehmen durchsetzen, die nur noch mit temporär angemieteten Coworking-Spaces arbeiten und über gar keine eigenen Räume mehr verfügen.

● ●

„In Coworking-Zentren arbeiten Mitglieder unterschiedlichster Organisationen zwar gemeinsam, aber nicht unbedingt zusammen. Durch die räumliche Nähe (Colocation) zu anderen Disziplinen, zu anderen Organisationen und zu Mitarbeitern mit unterschiedlichen Erfahrungshintergründen wirken diese Zentren inspirierend. Von den häufig extraorganisational entwickelten Ideen profitieren wiederum die Ursprungsunternehmen. Die Bandbreite an unterschiedlichsten Grundphilosophien und Gestaltungskonzepten einzelner Coworking Center ist hoch. Sie reicht von elitären Angeboten mit Klubcharakter, über wertezentrierte Angebote wie Nachhaltigkeit, das Angebot professioneller Kinder- oder Seniorenbetreuung bis hin zu Angeboten für ‚follower' von spezifischen Gruppen sozialer Netzwerke. Die Nachfragen nach diesen Konzepten ist immens."

Zukunftsentwurf Fraunhofer IAO. Arbeitswelten 4.0 (2012/S.28f)

● ●

Projektmanagement: Spielräume schaffen

In meiner Praxis zeigt sich immer wieder, dass die Unternehmen, die sich am intensivsten mit neuen Kommunikationstechniken (inklusive *Social Media*!) auseinandersetzen, auch diejenigen sind, die sich am meisten Gedanken über neue Raumkonzepte für ein effektiveres Projektmanagement machen, die die meisten Projekträume einrichten und die am attraktivsten für die Generation der Digital Natives dastehen. Sie zwingen die jungen Mitarbeiter nicht, sich in bestehenden Strukturen einzurichten, sondern richten die Strukturen ein, in denen die jungen Leute sich am besten entfalten können.

Beispiel Schnittstellen-Management: Wände weg!

Das ist intelligent: Denn die neue Generation macht uns vor, wie sich zum Beispiel Schnittstellenprobleme sehr einfach lösen lassen. Ganz pragmatisch. Sie arbeitet ganz einfach projektbezogen in einem Raum! Schnittstellenproblem gelöst.

Der Trend zum Teamraum entspricht nicht nur meiner Beobachtung, das bestätigen auch Studien wie der *Generation Y and the Workplace annual Report 2010* von Johnson Controls: 41 Prozent der Generation-Y-Vertreter wünschen sich einen Teamraum. Prof. Wilhelm Bauer, stellvertretender Institutsleiter Fraunhofer IAO, bestätigt den Trend, dass der Bedarf an *Teamflächen* zunimmt, während der Flächenbedarf für Schreibtische zurückgeht.[74]

Das Arbeiten in einem gemeinsamen Raum bringt viele Vorteile mit sich:

→ **Sprechen statt Schreiben:** Das Verfassen einer E-Mail dauert immer noch länger als ein Zuruf zum Kollegen im nächsten Sitzsack. Gleichzeitig kommt es zu weniger Konflikten, weil Missverständnisse durch unglückliche Formulierungen gleich geklärt werden können oder erst gar nicht entstehen. Das bestätigte einer unserer Interviewpartner wie folgt:

„Konflikte entstehen oft, weil immer weniger geredet wird und sich ein Großteil der Kommunikation auf E-Mails verlagert hat. Diese werden dann als schriftliches Dokument betrachtet und als Hard-Facts wahrgenommen. Wenn die jungen Führungskräfte dann beginnen, mit harten Geschützen zu schießen, ist eine Lösung oft nur durch eine mündliche Aussprache möglich."

Franz Tonnerer, Geschäftsführer Magna-Presstec

→ **Hören statt Lesen:** Wenn wir „in echt" vor einem Menschen stehen, wissen wir oft intuitiv, was in ihm vorgeht. Häufig haben wir auch ein recht konkretes Bild vom *mindset* unseres Gegenübers. Warum das so ist, erklärt Joachim Bauer in seinem Buch *Warum ich fühle, was Du fühlst – Intuitive Kommunikation und das Geheimnis der Spiegelneurone.* Er ist überzeugt davon, dass die „neuronale Hardware" unserer Intuition das System der Spiegelneurone ist. „Der Eindruck von inneren Beweggründen anderer fließt uns völlig spontan zu", schreibt er. Dieser Eindruck stelle sich bereits ein, bevor wir überhaupt anfangen, ihn bewusst zu reflektieren. Ob der Eindruck objektiv richtig ist, sei nicht so wichtig. „Viel wichtiger für das Gelingen des zwischenmenschlichen Kontakts ist, dass es überhaupt zu einem intuitiven Eindruck vom Gegenüber kommt, sodass eine spontane Kommunikation beginnen kann."[65]

→ **Pinnen statt pasten/posten**: Kreative Prozesse laufen trotz ausgefeilter digitaler Techniken immer noch äußerst erfolgreich ab, wenn mit realen Flipchart und Pinnwand, Filzstiften und Pappkarten gearbeitet wird. So avantgardistisch wir und die Digital Natives auch unterwegs sind: Manches müssen wir offenbar immer noch im Wortsinne be-*greifen.* Auch das bestätigte eine unserer Interviewpartnerinnen – interessanterweise sogar eine derjenigen, die sich selbst der Generation der Digital Natives zurechnen.

„Flipcharts und Kärtchen können von virtuellen Treffen nur bedingt ersetzt werden und kaum im virtuellen Raum verwendet werden. Bei virtuellen Meetings in Chats wird außerdem viel geredet, aber danach fehlt oft die Zusammenfassung. Echte Meetings haben deshalb eine höhere Bedeutung als virtuelle Chats – das liegt wohl nicht zuletzt an den mindsets."

Iris Hauck-Rameis, Project Manager bwin.party services (Austria) GmbH

Beispiel Meetings: Die Kaffeemaschine als Katalysator

Oft braucht es gar keinen eigenen Teamraum und noch nicht einmal einen *break-out-space* (so werden Kaffeepausenecken heute gerne genannt), sondern lediglich eine Kaffeemaschine.

Kennen Sie den schönen Spruch von Sir James Macintosh: „Die menschliche Geisteskraft steigt proportional zur getrunkenen Kaffeemenge"? Diese Einschätzung des schottischen Philosophen kann ich nur bestätigen. In mehreren Projekten konnte ich beobachten, dass ein Kaffeeautomat wie ein Katalysator im Projektmanagement wirkte. Ein Faktor, der freilich in keinem herkömmlichen Buch über Projektmanagement Erwähnung findet.

• •

KAFFEE SPENDIEREN STATT ERBSEN ZÄHLEN

An einem deutschen Standort eines internationalen Unternehmens wurde ein neuer Berater eingesetzt, der das Prozessmanagement optimieren sollte.

An diesem Standort arbeiteten etwa 60 Mitarbeiter, die neue Produkte entwickelten. Die meisten Mitarbeiter waren gut 25 bis 30 Jahre im Unternehmen tätig, viele von ihnen standen wenige Jahre vor der Pensionierung. Der Berater war deutlich jünger und wusste offenbar wenig über die immense Bedeutung von Kaffeeküchen.

In seinem Ehrgeiz, wirklich alle Prozesse zu verbessern, schrieb er jedenfalls eine Mail an alle Mitarbeiter. Darin erklärte er, dass ab sofort alle Mitarbeiter es bitteschön zu unterlassen haben, den Kaffee gemeinsam in der Kaffeeküche zu konsumieren. Speziell in der Früh sei dies nicht zu akzeptieren und koste dem Unternehmen Unsummen. Auch die lauten Gespräche seien nicht erwünscht – das laute Gelächter in den Gängen störe die Kollegen, die ihrer Arbeit nachgehen möchten. Dazu gab es noch eine Anweisung, wie der Ablauf in der Küche auszusehen hat. Mit detaillierter Beschreibung zur Befüllung und Inbetriebnahme des Geschirrspülers.

„Wie kommt der junge Schnösel dazu, uns Anweisungen zu geben? Und noch dazu solche lächerlichen?", brüskierten sich die aus ihrer Kaffeeküche vertriebenen Mitarbeiter. „Für so einen kindischen Unsinn gibt das Unternehmen Geld aus?" Der Berater hatte immerhin einen vergleichbar hohen Stundensatz. Das Unternehmen hat sich diese Investition geleistet, so viel kann gesagt werden – denn der Berater war noch lange Zeit im Unternehmen tätig. Den Nimbus des infantilen Erbsenzählers allerdings legte er nie mehr ab.

Das Ergebnis seiner Optimierungsversuche zeigte sich übrigens ebenso schnell wie deutlich: Miese Stimmung und Groll machten sich breit, die

Entwickler schwenkten um auf Dienst nach Vorschrift – und brachten praktisch keine Innovation mehr zustande. Warum auch, wenn das Unternehmen ihnen nicht mal das eigenständige Befüllen einer Spülmaschine zutraut.

● ●

Ich habe durchweg gute Erfahrungen mit der Installation von Kaffee-Ecken, Stehtischen und Besprechungszonen gemacht. Diese müssen gar nicht so futuristisch aussehen, wie wir es nun bei Google und Co. beobachten. Hauptsache, die Atmosphäre ist angenehm und der Kaffee einigermaßen genießbar. Entwicklungsteams kommen in solchen *break-out-spaces* oft besonders gut in Fahrt: Hier kreieren sie die Ideen, die ein Entwickler alleine niemals in seinem stillen Kämmerlein hätte ausbrüten können, und die existenziell wichtig sind, damit später ein innovatives Produkt entsteht.

Umgekehrt gilt das Gleiche: Werden Kaffee-Ecken deinstalliert, versiegt die Produktivität. Dazu ein weiteres Beispiel.

● ●

WASSER HAT NICHT DIE WIRKUNG VON KAFFEE

In einem Produktionsbetrieb gab es für die Mitarbeiter in der Produktion Kaffeeautomaten mit kleinen Stehtischen. Die Produktion war zu einem hohen Grad automatisiert. Die wenigen Handarbeitsplätze, die permanent besetzt sein mussten, wurden von Servicetechnikern bedient, wenn die Linienmitarbeiter pausierten. So war garantiert, dass die Produktion nie stillstand. Dieses System setzte jedoch voraus, dass es keine fixen Pausen gab und die Kollegen ihre Ablösungen selbst organisierten. Das klappte ganz hervorragend.

Eines Tages jedoch bekamen die Abteilungsleiter eine E-Mail, welche unverzüglich auszudrucken, auszuhängen und dem Personal mitzuteilen sei. Darin wurde darüber informiert, dass sämtliche Kaffeetische und -automaten entfernt würden. Die Mitarbeiter hätten nicht mehr zusammenzustehen und zu diskutieren, sondern sollten ihren Tätigkeiten nachgehen, für die sie eingestellt waren. Ab sofort sei auch eine fixe Pausenzeit einzuhalten, damit kontrolliert werden könne, zu welchem Zeitpunkt welche Personen nicht ihrer Arbeit nachgingen.

Die Tische und Automaten wurden tatsächlich innerhalb einer Woche entfernt. Lediglich Automaten mit Mineralwasser und Soft-Drinks wurden stehen gelassen – man wollte ja niemanden verdursten lassen.

Schon nach dem ersten Monat war klar, dass die gesunkenen Produktionszahlen in direkter Verbindung mit den verschwundenen Kaffeeautomaten standen. Ein weiterer Monat wurde beobachtet – mit verstärkter Kontrolle wurde die Einhaltung der Pausenzeiten geprüft. Auch die Ergebnisse des zweiten Monats sahen verheerend aus.

In dieser Zeit hatte ich die Möglichkeit, meine Art der Arbeit der Geschäftsführung vorzulegen. Ich wies darauf hin, dass die Optimierungen an den Produktionslinien immer in Zusammenarbeit mit dem Personal an den jeweiligen Stationen geschah. Dabei reichte es, wenn ich eine Runde Kaffee spendierte und in gemütlicher Atmosphäre meine Ideen diskutierte. Erfahrungsgemäß wurden so viel bessere Ideen geboren, als wenn ich mögliche Lösungen alleine ausgearbeitet hätte. Auf meine Weise hatte ich immer die Unterstützung der Betroffenen: Schließlich wollten alle „ihre" Idee umgesetzt wissen. Sie hatten nie das Gefühl, dass jemand von außen etwas einbringen will, der keine Ahnung hat.

Mit der Entfernung der Tische und Automaten gab es diese Möglichkeiten nicht mehr. Es kamen keine Ideen mehr vom Team und bei Änderungen kam nur Gegenwehr. Was aber am meisten darunter litt, war die kollegiale Stimmung unter den Mitarbeitern. Es gab keinen persönlichen Austausch mehr.

Keine drei Monate nach der Aktion waren jedoch alle Geräte und Tische wieder an den angestammten Plätzen. Wessen Idee die Rettung der Kaffeeautomaten wirklich war, konnte nicht genau eruiert werden. Hinter vorgehaltener Hand wurde jedoch berichtet, dass es sich um eine nicht mit der Geschäftsleitung abgestimmte Einzelaktion des Personalleiters handelte, der die Zusammenhänge genau beobachtet und erkannt hatte.

Bis die Produktionszahlen wieder das Niveau von früher erreichten, dauerte es jedoch noch weitere sechs Monate. Der Verlust wurde nie in Zahlen ausgedrückt – jedoch gehe ich davon aus, dass hier ein mehrfacher Millionen-Euro-Betrag nicht erwirtschaftet wurde.

Wanted: Neue Raumkonzepte

Nachdem wir bei unserem Streifzug durch die Geschichte des Büros einige neue Raumkonzepte schon kurz in Augenschein genommen haben, schauen wir uns nun zwei Unternehmen genauer an, die sich auf die Bedürfnisse der Digital-Native-Generation perfekt eingestellt haben: Google und Credit Suisse.

Google: *total workspace*

Google hat sich das Konzept des *total workspace* auf die Fahnen geschrieben. Es wird überall auf der Welt mit jeweils lokalen Architekten umgesetzt. „Wir wollen, dass es den Leuten wirklich gut geht, dass das Büro ihr Leben vereinfacht und die Mitarbeiter sich freuen, hier zu sein", erklärt Jason Harper, Real Estate Project Executive Europe, Middle East und Africa bei Google.

Google biete deshalb kostenloses Essen und kostenlose Fitness-Studios mit Trainern. Anders als andere Unternehmen mit futuristischen Bürokonzepten verbindet Google die Idee großer Büro-Landschaften (*open space* genannt) mit eigenen Schreibtischen für jeden Mitarbeiter. So sitzen zum Beispiel in Hamburg immer 30 Mitarbeiter zusammen in einer Büroeinheit. Auf jedem Stockwerk gibt es Küchenecken, außerdem ruhige Ecken für Besprechungen und abgeschlossene Räume für Videokonferenzen. „Rückzugsorte sind genauso wichtig wie Treffpunkte", sagt Harper.

> *„Bei Google, zwischen Spiderman-Plakaten, Bionade und Massagestühlen, scheint die Generation Y ihr Biotop gefunden zu haben: Hier bin ich Ypsilon, hier darf ich's sein. Kein verknöcherter Vorgesetzter nörgelt über Kollegen mit untertassengroßen Kopfhörern oder linst grimmig über die Halbbrille, wenn Eva Krüger mittags mal shoppen geht."*
> Eva Buchholz/Klaus Werle in SpiegelOnline vom 7.6.2011

Die Büros von Google sind an jedem Standort in der Welt anders gestaltet, weil die Wünsche der lokalen Mitarbeiter nach Möglichkeit einfließen. In London zum Beispiel prangt überall der Union Jack, es gibt Schaukelstühle und Chesterfield-Sofas – das Büro sieht aus wie die „Hybridversion eines Londoner Townhouses". Mit dem schönen Nebeneffekt, dass bei Telefonkonferenzen die Gesprächspartner in Tel Aviv oder New York gleich sehen, wo der Kollege sitzt. Außerdem gibt es mitten im Gebäude schrebergarten-artige Anlagen, die die Mitarbeiter selbst bewirtschaften können. Anders als andere Unternehmen bietet Google in London genauso viele individuelle Arbeitsplätze wie gemeinsam nutzbare Plätze: Jeweils 1.250 – der Trend geht eher dahin, sich weniger Einzelarbeitsplätze als Mitarbeiter zu leisten. Einen Bereich mit Anti-Schwerkraft-Funktion jedoch, den mancher Mitarbeiter in London gerne gesehen hätte, konnte das Unternehmen letztendlich doch nicht bieten, so heißt es, und das klingt schon wieder wie ein auf die junge Generation zugeschnittener PR-Gag, der auf das junge Image der Marke einzahlt. [76]

Offenbar mit Erfolg: Die Interbrand-Studie Best Global Brands 2011 attestierte Google eine besonders starke Entwicklung seines Markenwertes, weil es dem Unternehmen gelungen sei, gerade durch die besondere Gestaltung der Arbeitsplätze die Bedeutung des Faktors „Gehalt" zu relativieren.

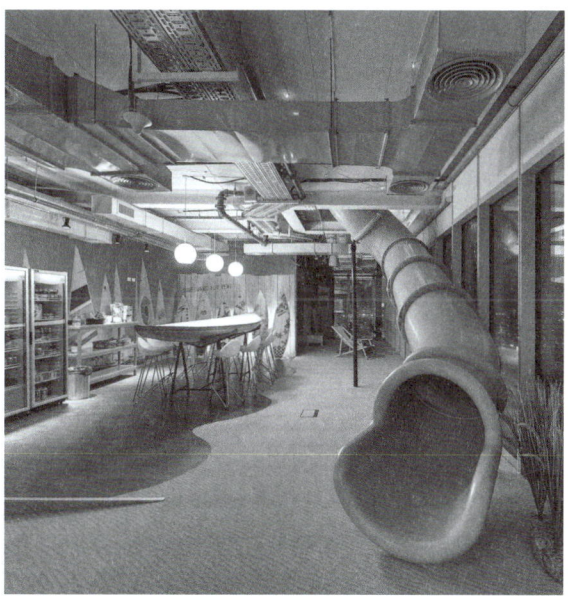

Tel Aviv, Quelle: Camenzid Evolution, www.camenzidevolution.com

Tel Aviv

London

London

Hamburg
Quelle: Camenzid Evolution, www.camenzidevolution.com

Credit Suisse: *smart working*

In Zürich ist bei der Credit Suisse unter dem Titel *smart working* ein Konzept entstanden, das ähnlich innovativ ist wie das von Google, in einem zentralen Punkt aber ganz anders umgesetzt wurde: Hier gehört alles allen. Konsequent. Der Chef muss sich also genau wie jeder Praktikant jeden Tag einen Platz aussuchen.

Das Unternehmen will die Kommunikation unter den Mitarbeiter durch nonterritoriale Arbeitsplatzgestaltung fördern. Das heißt: Grundsätzlich wurden eigene Schreibtische für jeden einzelnen abgeschafft. Stattdessen können die Mitarbeiter jetzt zwischen elf verschiedenen Angeboten wählen:

→ **Homezones** wurden für Teams geschaffen, die einen Heimathafen suchen. Sie dienen als Fixpunkte im ansonsten nonterritorial angelegten Büro.

→ **Think Tanks** sind abgeschlossene Räume, in denen Mitarbeiter in Ruhe denken oder Gespräche führen können.

→ **Stand-up-Meeting-Points** sind Räume für spontane Meetings.

→ **Touchpoints** sind Einzelarbeitsplätze mitten im open space, an denen Mitarbeiter zum Beispiel E-Mails checken können.

→ **Quiet Zones** wurden geschaffen für konzentriertes, ruhiges, zurückgezogenes Arbeiten.

→ **Business Gardens** sehen aus wie Indoor-Palmengärten. Hier können Mitarbeiter mitten im Grünen arbeiten.

→ **Lounge-Areas** bieten gemütliche Ledersofas mit Café-Atmosphäre und damit einen idealen Ort für informellen Austausch.

→ **Work-meets** sind für kollaborative oder vertrauliche Zusammenarbeit optimierte Besprechungsräumen.

→ **Office-meet** ist ein klassisches Einzelbüro, das allerdings von jeder Person benutzt werden darf.

→ **American Diner** ermöglicht ein Meeting für bis zu sechs Personen.

→ **View-Seats** bieten einen freien Blick in die Ferne.

Das Pilotprojekt mit diesen verschiedenen Arbeitszonen kam bei den Credit-Suisse-Mitarbeitern so gut an, dass die Bank das „Smart Working"-Konzept in ihrem Neubau am Züricher Uetlihof umsetzte. Hier haben die 2.500 Mitarbeitenden fortan nur noch 1.950 Schreibtische. Aber da die Auslastung der Arbeitsplätze ohnehin nur zwischen 40 und 60 Prozent liegt, reicht das aus. Die Mitarbeiter sind begeistert: Laut Credit Suisse sagten im Anschluss an das Pilotprojekt denn auch mehr als die Hälfte der Befragten, sie seien motivierter als zuvor, 76 Prozent fühlen sich stärker wertgeschätzt und 87 Prozent bestätigen, stolz auf ihr Büro zu sein – normalerweise finden das gerade mal 40 Prozent. Darum wird die Credit Suisse dieses Konzept nun weltweit umsetzen.

Credit Suisse arbeitet jetzt mit einer praktisch komplett demokratisierten Bürofläche – ideal, um sich als interessanter Arbeitgeber für die Generation der Digital Natives zu positionieren.

Quelle: Camenzind Evolution,
www.camenzindevolution.com

Quelle: Camenzind Evolution,
www.camenzindevolution.com

Open Space ist keine Universallösung

Open Space statt Cubicle – das klingt nach der Universallösung, um Digital-Native-Projektteams fröhlicher, kreativer, innovativer, balancierter, effektiver zu machen.

Zum Teil haben die modernen Raumkonzepte eine derartige Wirkung auf die junge Generation von Projektmitarbeitern. Doch dürfen wir nicht vergessen, dass es sich bei den besten Köpfen der Digital Natives nicht um zu groß geratene Kinder handelt, die nun mit ihrem Smartphone im Schaumwürfelbad sitzen wollen, um schön zu spielen. (Etliche Beiträge, die Digital Natives zu beschreiben versuchen, stellen sie genau so dar: Eine Generation aus Pipi Langstrumpfs und Michels aus Lönneberga, die sich die Zeit statt mit Ziegen nun mit Smartphones vertreiben.)

Geht es in einer Projektphase heiß her, werden sich ernst zu nehmende Teams natürlich nicht kopfüber ins Schaumwürfelbad stürzen, nur weil das lustig ist. Sie werden sich selbstverständlich situativ die richtigen Räume suchen, um effektiv arbeiten zu können. Noch einmal: Arbeiten! Der richtige Raum wird dabei nicht immer ein *Open Space* sein, sondern heute das Zellenbüro, morgen das Café, übermorgen ein normaler Konferenzraum und dann vielleicht auch einmal ein Schaumwürfelbad.

Ich bin überzeugt davon, dass auf Dauer nicht diejenigen Unternehmen mit den buntesten Räumen oder den futuristischsten Oberflächen die erfolgreichsten Projektteams beschäftigen werden, sondern diejenigen, die für die spezifischen Bedürfnisse ihrer Teams im richtigen Moment die richtige Umgebung ermöglichen können.

Grenzen der Ortlosigkeit

Grundsätzlich gilt: Nicht jeder Ort ist für jeden etwas. So kann ein nonterritoriales Büro den einen Mitarbeiter beflügeln, den anderen aber bremsen, weil er sich in dem Durcheinander nicht mehr konzentrieren kann. Und so kann das Arbeiten zu Hause für den einen eine Entlastung bedeuten, für den anderen aber zusätzlichen Stress. Auch ist die neue Ortlosigkeit nicht für jeden etwas.

Zu viel Home-Office macht unglücklich

Eine Studie zum Thema Telecommuter Satisfaction zeigte zum Beispiel, dass Arbeitszufriedenheit und Produktivität abnehmen, sobald Mitarbeiter mehr als drei Tage in der Woche zu Hause arbeiten. Bei einem Home-Office-Pensum von nur einem bis 2,5 Tagen steigen Zufriedenheit und Produktivität dagegen kontinuierlich.[77]

Auch das Unternehmen Yahoo sieht die Tendenz zu immer größerer Freiheit im Home-Office zunehmend kritisch. Per Rundbrief erfuhren die Mitarbeiter von ihrer Personalchefin, dass man sie zurück im Büro erwarte.

„Bei Yahoo zu sein, das ist nicht nur ein Job, den man von Tag zu Tag erledigt. Es geht um eine Zusammenarbeit, die nur in unseren Büros möglich ist", zitierte die Süddeutsche Zeitung im Mai 2013 das interne Papier. Wem das nicht passe, der solle gehen.[78]

Das Homeoffice ist eben, genau wie der Open Space, keine Universallösung.

Digital Natives brauchen eine reale Heimat

Fakt ist: Die Bedeutung des Büros hat sich längst geändert. Im Büro suchen und finden Mitarbeiter heute nicht mehr in erster Linie ihre Arbeitsmittel, sondern Atmosphäre, Austausch, Vorbilder und immer wiederkehrende Rituale der Kommunikation, Kooperation und des gemeinsamen Denkens – also ihre Unternehmenskultur.

Trotz der Verlagerung vieler Teamprozesse in virtuelle Welten läuft die Identifikation mit dem Arbeitgeber auch heute noch immer über die Identifikation mit dem Arbeitsort. Das Wort „Arbeitsplatz" steht ja im Deutschen tatsächlich für den Job an sich *und* für den eigenen Schreibtisch. Das ist der Grund dafür, so meine ich, dass laut Johnson Controls 2010 immer noch 70 Prozent (!) der 18- bis 25jährigen einen eigenen Schreibtisch haben wollen.

Mitarbeiter verstehen meiner Erfahrung nach unter Projekten in erster Linie den Job, der zu erledigen ist. In zweiter Linie verbinden sie das Projekt noch immer mit dem Ort, an dem es zu erledigen ist. Und zwar mit dem realen Ort – eine virtuelle Heimat reicht selbst für Digital Natives nicht aus.

„Oft scheitern Projekte, weil diese während der Launch-Phase von einem Standort zu einem neuen Standort verschoben werden, weil dort günstigere Produktionskosten erwartet werden, aber dabei die Identifikation mit den Projektzielen verloren geht."

Franz Tonnerer, Geschäftsführer Magna-Presstec

Der Wandel kommt langsam

Wichtig zu wissen: So fortschrittlich sich einige Unternehmen mit ihren neuen Bürokonzepten auch aufstellen – tatsächlich sind nonterritoriale Arbeitsformen nicht sehr weit verbreitet, vor allem bei kleinen und mittleren Unternehmen nicht.

Laut BSO haben durchschnittlich nur 1,2 Prozent der Beschäftigten in Unternehmen mit mehr als zehn Mitarbeitern keinen eigenen, fest zugewiesenen Arbeitsplatz mehr.[79] Und rund ein Drittel der befragten Unternehmen sagen, dass sie extra für Projektteams eigene Räume eingerichtet haben. „Auch liquide Teams mit flexiblen Arbeitsweisen brauchen einen Hafen, an dem sie zusammenfinden und der sie in ihrem Tun unterstützt", so das Fazit der Studie *New Work Order*.[80]

„Besonders, wenn die Arbeitsorte multipler werden, hat das Bürogebäude den Charakter einer Zusammenführung. Ein Ort, der zeigt: Schau mal, das sind wir."

Prof. Dr. Wilhelm Bauer, Stv. Institutsleiter, Fraunhofer IAO[81]

Wenn es um den perfekten Arbeitsort geht, denken Digital-Native-Teams also nach wie vor in realen (nicht virtuellen) Kategorien. Sie sind eben doch nicht im Cyberspace geboren, auch wenn der Begriff Digital Native das nahelegt, sondern zumeist in irgendeinem ganz normalen Krankenhaus. Und natürlich haben sie ganz reale Lieblingsorte – die Welt ist durch die Digitalisierung nicht verschwunden, auch wenn Medientheoretiker wie Jean Baudrillard Ende der 1970er Jahre wortgewaltig über die *Agonie des Realen* philosophiert haben.

Totale Mobilität? Nein, danke

Im Kapitel über die Eigen- und Besonderheiten der Digital Natives haben wir bereits gesehen, dass die ältere Generation zuweilen den Wunsch der Digital Natives nach Mobilität und Flexibilität überschätzt: Während jeder zweite Personalleiter überzeugt ist, dass Mobilität für die Generation Y sehr wichtig sei, trifft dies in der Realität noch nicht einmal auf jeden vierten Vertreter der jungen Generation zu. Fast jeder Dritte legt sogar großen Wert auf eine feste Ortsbindung – eine Tatsache, die nur fünf Prozent der Personalchefs richtig einschätzen, so die Studienergebnisse der Personalberatung Egon Zehnder International und der Stiftung Neue Verantwortung.

In Zukunft werden nicht mehr das Eckbüro mit Aussicht und der Parkplatz direkt am Fahrstuhl die wichtigsten Statussymbole sein. Stattdessen nehmen eine „gelebte ‚Work-Life-Integration‘, also das sich wechselseitig beflügelnde Zusammenwirken von Arbeiten und Freizeit", die Stelle eines neuen Statussymbols ein, prognostiziert die Fraunhofer IAO-Studie *Arbeitswelten 4.0*.[82]

Dazu gehört, dass Städter phasenweise aufs Land umziehen, um zum Beispiel die eigenen Eltern zu pflegen, um den Kindern ein Aufwachsen in der Natur zu ermöglichen oder um selbst im Grünen zu arbeiten. Oder dass Landbewohner phasenweise in der Stadt arbeiten, um sich von der urbanen Atmosphäre inspirieren zu lassen. In Zukunft wird es laut Fraunhofer-Studie immer wichtiger „dass Wohnort und Lebensmittelpunkt mit privaten Vorlieben übereinstimmen – der Standort des Arbeitgebers rückt in den Hintergrund".[83]

Was heißt das nun für das Projektmanagement?

Die sich verändernde Arbeitswelt hat unmittelbare Auswirkungen auf das Projektmanagement. Überspitzt gesagt: Sie macht herkömmliches Projektmanagement unmöglich und ermöglicht neue Formen der Zusammenarbeit in Projekten.

Dabei sehe ich wieder zwei zentrale Themen: Erstens die **Virtualisierung** der Arbeitsorte, die sich durch den zunehmenden Einsatz von Videokonferenzen und Social-Media-Werkzeugen zeigt. Und zweitens eine **Multiplizie-**

rung durch wechselnde Arbeitsorte und durch vermehrtes Arbeiten in parallelen Welten (real und digital). Beides erhöht im Idealfall die Inspiration und die individuelle Lebensbalance.

Höheres Tempo: Virtuelle Zusammenarbeit per Videokonferenz oder Chat beschleunigt Prozesse immer dann, wenn sie Reisezeiten oder auch nur „Wanderzeiten" innerhalb des Bürogebäudes überflüssig machen. Projektteams gewinnen in modernen Bürolandschaften auch dadurch Zeit, dass sie sich quasi überall und sofort zusammensetzen können, ohne erst umständlich einen Raum anzumieten. Informelle Treffen werden zur neuen Form der formellen Zusammenarbeit. Natürlich gewinnen junge Teams viel Zeit, wenn bürokratische Hürden erst gar nicht zu überwinden sind.

Mehr Inspiration: Auch wenn die hypermodernen Gestaltungskonzepte der Vorzeigeunternehmen für Bewohner altertümlicher Büros reichlich bunt, durcheinander und überästhetisiert wirken, so bieten sie doch die Chance, für bestimmte Arbeitsabschnitte jeweils den Ort auszusuchen, der dazu am besten geeignet ist. So finden diejenigen, die nachdenken wollen, die beste Konzentration in einer Denkzelle. Wer schwierige Probleme zu lösen hat, sucht Inspiration an einem Arbeitsplatz mit Weitblick. Wer seine Gedanken ordnen möchte, tut dies beim Unkrautjäten, während der beste Ort für Kreation eine Spielwiese sein kann, der beste Ort für Kommunikation ein Café und der beste Ort für Kollaboration ein ganz normaler Teamraum. Neu ist das alles nicht. Neu ist aber, dass diese Orte nun innerhalb eines einzigen Gebäudes zu finden sind und dass Teams jeweils sofort darauf zugreifen können.

Arbeiten an wechselnden Orten: Dass ein Team an einem einzigen Ort tätig wird, ist vielleicht heute schon so *retro*, dass Digital Natives es sich gar nicht mehr vorstellen können. Selbstverständlich wechseln das komplette Team oder einzelne Teammitglieder permanent den realen Ort, während aber die Daten in der „Cloud" und die gemeinsamen virtuellen Plattformen die Rolle stabiler Treffpunkte übernommen haben. Nicht zu unterschätzen ist auch in unseren heutigen, modernen Zeiten die Wirkung der guten, alten Kaffemaschine. Wo eine solche Maschine steht, dort bildet sich praktisch von allein ein zentraler Ort der Kommunikation aus.

Arbeiten in parallelen Welten: Projektmanager stehen heute vor der Aufgabe, reale und virtuelle Räume situativ zu nutzen und zu integrieren.

Die Kunst besteht darin, jeweils die effektivste Variante der Kommunikation und Kollaboration auszuwählen, ohne sich in technischen Spielereien zu verzetteln und ohne sich von allzu vielen Schaumwürfeln oder Kaffeemaschinen ablenken zu lassen.

Life-Intergration: Im Idealfall wirkt sich der agile Umgang mit Zeiten und Orten positiv auf die Lebensqualität der Mitarbeiter aus, was in Projekten wiederum zu einer positiven Wirkung auf Faktoren wie Qualität, Innovation, Termintreue führen kann. Digital Natives, so unterstelle ich, haben niemals nur ihr Projekt, sondern immer auch sich selbst im Blick. Wahrscheinlich mehr als jede Generation vor ihnen. Und so gelingt es ihnen, nicht trotz, sondern gerade durch ihren agilen Umgang mit Arbeitsorten besser *bei sich selbst bleiben* zu können.

Die Rolle des Projektmanagers ändert sich dadurch radikal: Er muss sich vom technokratischen Ortsverwalter in einen virtuosen Dramaturgen verwandeln, der Orte und Zeiten aufeinander abzustimmen in der Lage ist, um so das Beste aus seinem Team herauszuholen.

Kapitel 5

Ballwechsel: Was Digital Natives unter Teamwork verstehen

D as „Du" ist so selbstverständlich wie das „Hallo". Digital Natives haben sich von Hierarchien frei gemacht. Sie spielen in Teams, in immer wieder wechselnden Konstellationen. Sie sind ihren Freunden treu, aber nicht unbedingt dem Unternehmen. Sie legen ihr Wissen offen, aber nicht unbedingt so, wie es der Informationspolitik des Unternehmens entspricht. Sie sind in der Lage, sich sehr schnell zu Teams zusammenzuschließen, aber ihr Geduldsfaden ist kurz. Was heißt das für das Projektmanagement?

Mitspieler: Vom Kollegenkreis zum *tribe*

Schauen wir uns die Regalmeter von Bewerbungsratgebern an, die in den vergangenen Dekaden entstanden sind, entdecken wir schnell einen Konsens: Wer einen Job sucht, muss sich anpassen. Diese Haltung finde ich heute bei vielen Digital Natives nicht mehr. Sie suchen lieber einen Arbeitgeber, der von vornherein zu ihnen passt.

„Bevor ich meinen Arbeitsvertrag unterschreibe, möchte ich erst einmal ein paar Kollegen kennenlernen" – bis vor wenigen Jahren hätte eine solche Forderung im Bewerbungsprozess das sichere Aus für einen Kandidaten bedeutet. Heute wird sie, glaubt man den über Digital Natives in den Medien kolportierten Geschichten, von Personalern Ernst genommen. Zumindest bei

117

den vielversprechenden Kandidaten. In vielen Branchen ist man ja froh um jeden, den man überhaupt noch bekommen kann.

Nette Kollegen gesucht

Junge Mitarbeiter legen heute viel Wert auf eine nette Zusammenarbeit – das zeigt das Ergebnis der Studie *Student Survey 2013*. Als Antwort auf die Frage „Welche Anforderungen haben Studierende an ihren zukünftigen Arbeitgeber?" wählten 75 Prozent der befragten Frauen und 67 Prozent der Männer ein angenehmes Arbeits- und Betriebsklima.

Die jungen Mitarbeiter entscheiden heute offenbar heute nicht mehr nur, was sie arbeiten wollen, sondern auch, mit wem und wo sie tätig werden wollen. Und das sehr bewusst.

Loyalität gegenüber Firma hat abgenommen

Interessanterweise ist diese Entwicklung mittlerweile so weit vorangeschritten, dass die Loyalität zum Arbeitgeber zurückgefallen ist gegenüber der Loyalität zum eigenen Team – das beobachte ich in meiner Praxis immer häufiger. Wenn ein Teammitglied geht, dann gehen seine besten Freunde zuweilen gleich mit.

Die neue Generation schimpft nicht einmal mehr über die Firma. Sie schimpft nicht über den Boss und auch nicht über das Team. Es wird einfach gekündigt, wenn es nicht mehr passt. Ein neuer Job ist über die eigenen, bestens gepflegten Netzwerke dann schnell gefunden.

Bis zu einem Drittel der neuen Mitarbeiter geht innerhalb des ersten Jahres, so KPMG in der Studie *Beyond the Baby Boomers. The Rise of Generation Y*.[73] Warum aber hat die Loyalität so stark abgenommen? Anders Parment, ein Ypsiloner, der eine Art Generation-Y-Gebrauchsanweisung für Personaler geschrieben hat, vermutet: Viele junge Leute haben am Beispiel ihrer Eltern gesehen, „dass sich Loyalität nicht lohnt. Die Unternehmen kriegen mit dieser Generation die Quittung für ihre oft wenig vorausschauende Personalpolitik der vergangenen Jahrzehnte."[85]

Nun – das würde bedeuten, dass die junge Generation eine stärkere Loyalität zu ihren Arbeitgebern pflegen würde, wenn es sich denn noch lohnte. Was soll das heißen? Wenn Loyalität noch Sicherheit böte? Lebenslange

Karriereplanung? Das setzte voraus, dass die Grundhaltung der Generation Y immer noch der der Elterngeneration entspräche. Mit dem einzigen Unterschied, dass die Ypsiloner jetzt schlauer wären. Diese Argumentation ist offensichtlich zu kurz gegriffen.

Unter Freunden

Tatsächlich unterscheidet sich das *mindset* der Digital Natives ganz erheblich von dem der älteren Generationen – das zumindest legen Studien aus dem Marketing, aus der Soziologie und aus anderen Disziplinen nahe.

Marketingexperte Seth Godin zum Beispiel beschreibt in seinem Buch *Tribes: We Need You to Lead Us* das Phänomen, wie sich um eine Idee und einen Themenführer Anhänger scharen, die sich einem gemeinsamen Ziel verbunden fühlen und die gemeinsame Interessen und Werte teilen. Das Wort *tribe* bedeutet so viel wie *Stamm*. Die Autoren der Studie *New Work Order* sind überzeugt davon, dass sich derartige Dynamiken auch in den Unternehmen ausbreiten, sobald Social Software in Betrieb genommen wird. Neben den vorgegebenen Hierarchien und, so möchte ich ergänzen, neben den offiziell aufgestellten Teamstrukturen formieren sich nach dieser Vorstellung dann zusätzlich unabhängige *tribes*.[86]

Der Soziologe Martin Dornes bestätigt bei der jungen Generation eine generelle Abnahme des makrosozialen Engagements, dafür sieht er mehr mikrosoziales Engagement. Große Institutionen, und dazu gehören auch die Unternehmen, verlieren an Bedeutung. Dafür werden informelle soziale Zusammenhänge wichtiger: „Die Selbsthilfegruppe wird wichtiger als die Gewerkschaft, das Selbstbewusstsein wichtiger als das Klassenbewusstsein, die Alltagssolidarität in der örtlichen Bürgerinitiative wichtiger als die Arbeitersolidarität im Rahmen einer Partei", erklärt Dornes.[87] Ich möchte hinzufügen: Die Loyalität zum eigenen Freundeskreis wird wichtiger als die zu einem Arbeitgeber.

In unseren Interviews haben wir gesehen, dass diese neue Haltung sogar auf die ältere Generation zurückwirkt. Manager, Mitarbeiter und sogar Kunden werden heute in den Status von Freunden erhoben – so zum Beispiel von Robert Rogner:

„Projekte sind für mich erfolgreich, wenn die Erwartungen meiner Freunde erfüllt werden. Wir nennen unser Netzwerk Freunde. Durch Freunde öffnen sich neue Lösungswege."

Robert Rogner, CEO Rogner International

Werteorientierung steigt

Schauen wir durch die optimistische Brille, zeichnet sich mit diesem Wandel eine insgesamt größere Werteorientierung ab – was, so zeigen wiederum andere Studien, einerseits zu einer größeren Zufriedenheit des Einzelnen führt, andererseits für das Unternehmen sogar auch zu besseren Ergebnissen.[88] Unter Freunden, die gemeinsam an einem Thema arbeiten, zählt eben der Sinngehalt oder ethische Wert dieses Themas mehr als der monetäre Profit.

„Von der Open-Source-Community kann man viel lernen. Diese Menschen arbeiten in internationalen, hochkomplexen Projekten zusammen, bei denen es nicht primär um Geld geht. Ohne diesen finanziellen Druck werden plötzlich Werte wie Ethik, Fairness, fachliche Anerkennung etc. wichtig."

Alfred Veider, CEO Thales Austria GmbH., Vice President Thalesgroup

Das bestätigen auch die Generation-Y-Experten Nico Rose und Christoph Fellinger in ihrem Beitrag *Wir wollens anders* (ManagerSeminare, Juni 2013): Führungskräfte und Unternehmen müssen „anständiger" werden, so die Autoren, damit junge Mitarbeiter ihnen überhaupt noch folgen. Vorfälle wie „Millionen-Boni trotz Unternehmenspleiten, Lustreisen und gefälschte Doktorarbeiten" würden heute abgestraft. Unternehmen, die „offensichtlich und dauerhaft amoralisch wirtschaften" werden exzellente Teams nicht halten können.[89]

Teilen verbindet

Rose/Fellinger sind außerdem überzeugt davon, dass der Zugang zu Wissen als Machtbasis seine Bedeutung verliert. Wir erinnern uns: Noch vor rund zehn Jahren gab es in vielen Unternehmen die Politik, dass immer zuerst der Abteilungsleiter informiert wird, dann die Ressortleiter und im dritten Schritt, vielleicht, die Mitarbeiter an der Basis. Die übliche Praxis bestand (und besteht vielerorts sicherlich auch noch) darin, wichtige Informationen möglichst gut zu horten, um sich damit strategische Vorteile zu verschaffen.

Ein derartiger Umgang mit Informationen wirkt auf die Generation der Digital Natives absurd. Sie sind es gewohnt, ihr Wissen immer und überall zu teilen *(sharing is caring)*: In eigenen Blogs, in Wikipedia und anderen Social-Media-Plattformen. Taucht eine Frage auf, so wird diese in diverse Suchmaschinen und Foren eingespeist, wo binnen Minuten mit einer brauchbaren Antwort gerechnet werden kann.

Derjenige, der Informationen auf eine intelligente Art auswählt und weitergibt, der Zusammenhänge erkennt und Wissen neu verknüpft, der hier Komplexität reduziert oder dort gegen unterkomplexe Darstellungen anschreibt, der macht sich in den Netzwerken der Digital Natives einen Namen.

Unternehmen, die angesichts dieser Entwicklung immer noch mit selektiver Verteilung wichtiger Informationen arbeiten, sind heute schlicht und ergreifend zu langsam. Es bleibt ihnen nichts anderes übrig, als die Open-Source-Kultur der Digital Natives auch in den internen Strukturen zu etablieren. Viele Unternehmen tun dies mit eigenen Wikis, Microblogs oder anderen Social-Software-Plattformen.

Besonders ausführlich hat darüber unser Interviewpartner aus dem Unternehmen SAP berichtet:

„Wir haben die Social-Software-Plattform SAP Jam eingeführt, um den internen Austausch noch weiter zu vereinfachen. Bisherige Funktionsüberschneidungen werden vermieden und Inhalte können nun dank Filterfunktionen effektiver gesucht und gefunden werden. Damit unterstützen wir den schnelleren Wissensaustausch, die Zusammenarbeit in den Teams und letztlich Reaktionszeiten, die ebenso für projektbezogene Prozesse signifikant sind. Dass wir unsere Produkte selbst einsetzen, hat für uns zwei entscheidende Vorteile: Wir verbessern interne Prozesse und lernen unsere Produkte gleichzeitig in breiter Dimension kennen."

Harry Thomsen, Geschäftsführer
SAP Deutschland AG & Co. KG

„Für das Projektmanagement der Zukunft wünsche ich mir, dass die Denkweise von Google übernommen wird. Idealerweise sollte das gesamte Wissen zum Projekt über eine Suche für jedes Teammitglied abrufbar sein."

Johannes Soulos, IT-Projektmanager, AKH Wien, Digital Native

Kommunikation auf Augenhöhe

„Jeder sollte alles wissen und zu allem seine Meinung kundtun dürfen", bringen Rose/Fellinger die Entwicklung auf den Punkt.[90]

Und das gilt nicht nur für den virtuellen Austausch. Natürlich hat dieser in der jungen Generation einen hohen Stellenwert – aber das empfinden Digital Natives als selbstverständlich, und das heißt nicht, dass Formen der direkten Kommunikation dadurch ersetzt würden. 62 Prozent der Digital Natives legen sogar großen Wert auf persönliche Kontakte mit Kollegen und Geschäftspartnern – und den Austausch von Wissen, so die bereits zitierte Studie der Personalberatung Egon Zehnder International und der Stiftung Neue Verantwortung.[91] Wie wichtig direkte Kommunikation ist, bestätigte in unserem Interview auch die Projektmanagement-Expertin Brigitte Schaden:

„In unserem Unternehmen wird großer Wert auf persönliche und direkte Kommunikation gelegt. Der reine Austausch per Mail und Internet alleine ist zu wenig für eine konstruktive Zusammenarbeit."

Brigitte Schaden, Vorstandsvorsitzende von Projekt Management Austria (pma) und Chairman of GAPPS und ehemals Chairman of IPMA

Dieser intensive und persönliche Kontakt wird meiner Beobachtung nach immer häufiger begleitet von einem jovialen *Du* statt des förmlicheren *Sie*. Offen bleibt für mich derzeit, ob sich durch diesen Wandel der Ansprache auch die Qualität der Kommunikation ändert, oder ob es sich nur um einen oberflächlichen Anglizismus handelt: Wir sagen *Du*, weil wir uns an das amerikanische *you* so gewöhnt haben wie an das Wort *Ketchup* anstelle von *Tomatensauce*?

Nun bin ich selbst kein Digital Native, aber ein Austrian Native. Und zumindest für meinen Kulturkreis stelle ich fest, dass mit dem *Sie* eine förmliche

Höflichkeit und Korrektheit verbunden war, die mit dem *Du* durch authentischen Respekt und Herzlichkeit ersetzt wird. Ich beobachte, dass Projektteams in Österreich, Deutschland und der Schweiz tatsächlich freundschaftlicher, wenn nicht sogar liebevoller miteinander umgehen, sobald sie das *Du* eingeführt haben.

Die positiven Nebenwirkungen dieser Entwicklung: Mehr Vertrauen im Team, eine größere Nähe, weniger Missverständnisse, vielleicht sogar eine größere Verbindlichkeit – wie unter Freunden. Dass die sozialen Komponenten des Projektmanagements langsam wichtiger werden als die technokratischen, unterstrich in unserem Interview auch Unternehmensberater und Projektmanagement-Guru Gernot Winkler:

„Projektmanagement verändert sich auch aus methodischer Sicht: Vor einigen Jahren konzentrierte man sich vermehrt auf die verschiedenen Projektmanagement-Methoden (z.B. Balkenpläne), heute schenkt man sinnvollerweise den Themen Kommunikation, Change, Führung etc. in den Projekten mehr Aufmerksamkeit. In Zukunft geht man immer mehr weg vom technokratischen Ansatz hin zu den sozialen Komponenten."

Gernot Winkler, Geschäftsführer pmcc consulting GmbH

Instrumentalisierung von Freundschaft

Skeptiker runzeln freilich die Stirn, wenn sie die *Du*-Kultur in schwedischen Weltkonzernen beobachten, die den Mode- und Möbel-Massenmarkt mit Dumpingpreisen dominieren. Und wenn sie sehen, dass sich das *Du* in der Medien- und Kreativbranche, in Start-up- und vielen IT-Unternehmen längst als Standard durchgesetzt hat.

Ihr Einwand: Mit dem Du spiegeln Unternehmen eine freundschaftliche Haltung nur vor, um junge Mitarbeiter fester an sich zu binden. Und um eine Solidarität zu erzeugen, die sie im nächsten Schritt dann gnadenlos ausnutzen. Nach dem Motto: „Du bist doch mein Freund, da arbeitest Du sicher auch gerne mal länger als vereinbart. Und auf das Geld schauen wir nicht so genau – so kleinlich ist man in einer Freundschaft ja nicht."

Die Kuschelkultur als Hemmschuh

Versuchen wir nun wieder, die positiven und die kritischen Aspekte gleichzeitig in den Blick zu nehmen: Einerseits kann also der starke Fokus der jungen Generation auf Wohlgefühl im Team eine konstruktive und sogar ethisch korrekte Zusammenarbeit fördern. Andererseits aber könnte genau dieses „Kuschelgefühl" einen konstruktiven Umgang mit Konflikten verhindern – was für Projekte ein erhebliches Risiko mit sich bringt.

Generation-Y-Beschreiber Anders Parment bestätigt den Eindruck, dass Emotionalität und damit einhergehend der Wunsch nach Wohlfühl-Kultur zum Problem werden können. „Sicher", sagt er, „die Jungen wollen Karriere machen. Aber sind sie auch bereit, für das Budget Verantwortung zu übernehmen, möglicherweise Mitarbeiter zu entlassen, all die kleinen hässlichen Dinge zu tun, die ein Chef nun mal ab und zu tun muss? Viele haben Angst vor unpopulären Maßnahmen, was auch mit der *Ich-mag-das*-Kultur bei Facebook und anderswo zusammenhängt."[92] Aber, das zeigten unsere Interviews, natürlich längst nicht alle.

> „*Führen polarisiert automatisch. Doch die junge Generation geht der Streitkultur gerne aus dem Weg.*"
> Harald Mayer, Geschäftsführer Eduscho/Tchibo Österreich und
> Präsident des Tee- und Kaffeeverbandes

> „*Ich kann mich der Beobachtung, dass die Neue Generation ungern Verantwortung übernimmt, nicht anschließen. Ich habe selbst irgendwann einfach die Verantwortung übernommen, weil es sonst keiner der Kollegen machen wollte, die schon länger im Unternehmen tätig waren.*"
> Johannes Soulos, IT-Projektmanager, AKH Wien,
> Digital Native

Dazu kommt ein weiteres Problem, das ebenfalls mit den durch Facebook formierten Gewohnheiten der jungen Generation zusammenhängt: So sind sie gewohnt, ihre Gedanken und Befindlichkeiten permanent mitzuteilen und Info-Schnipsel direkt an ihren *tribe* weiterzuleiten. Doch dieser Aktionismus in diversen Kommunikationskanälen hat nichts zu tun mit einer auf Wirksamkeit und Ziele ausgerichteten Arbeit in Projekten. Und er ist auch weitgehend frei von jeglichem Gedanken an Verantwortung. Diesen Eindruck bestätigt Iris Hauck-Rameis, eine unserer InterviewpartnerInnen, die sich selbst der Generation der Digital Natives zurechnet.

„Durch die vielen Kommunikationskanäle werden die Mitarbeiter kommu-nikationsträge. Sie leiten zwar Arbeiten weiter, aber übernehmen nur ungern End-to-end-Verantwortung."

Iris Hauck-Rameis, Project Manager bwin.party services

Von der Arbeitsgruppe zum agilen Hoch-leistungsteam

Digital-Native-Teams sind anders strukturiert als herkömmliche Teams. Im Moment fehlen dazu fundierte Studien, subjektive Eindrücke aber lassen sich durchaus formulieren.

So habe ich den Eindruck, dass sogar die häufig beschriebenen vier Stufen zum High-Performance-Team – also *Forming*, *Storming*, *Norming* und *Performing* – heute nicht mehr zwingend so stattfinden. Sie setzen nämlich voraus, dass sich die Teammitglieder vorab noch nicht kennen. Vielfach ist das heute aber nicht mehr der Fall, weil Kontakte innerhalb des *tribes* schon länger bestanden haben (*Forming*). Der anschließende Kampf um Meinungen und Machtpositionen (*Storming*) könnte heute auch anders aussehen: Dass verschiedene Meinungen parallel existieren, kennen Digital Natives ja schon, und sie haben auch kein Problem damit. Und weil sie sich eher in projektorientierten Mosaik-Karrieren bewegen als in aufstiegsorientierten Schornstein-Karrieren, kommt es vielleicht nicht einmal mehr zu den klassischen Hahnenkämpfen. Dass in der *Norming*-Phase die gewünschte Offenheit und der gegenseitige Respekt erst langsam entstehen, könnte auch einem veralteten Bild entsprechen. Die Befunde weisen ja eher darauf hin, dass diese konstruktive Grundhaltung bei Digital Natives bereits zu Projektbeginn Standard ist. Trifft diese Einschätzung zu, könnten junge Teams also aus dem Stand in die *Performing*-Phase eintreten – was bei den offensichtlich verkürzten Projektlaufzeiten tatsächlich ja auch existenziell notwendig ist.

Manchmal wird in der Literatur von einer fünften Phase gesprochen: *Adjourning*, die Phase der Auflösung. Auch diese Phase hat sich seit ihrer ersten Beschreibung in den 1970er Jahren verändert. Früher wurde oft gescherzt, dass ein Projekt dann zu Ende sei, wenn keiner mehr zum Meeting komme. Heute wird der Endpunkt eines Projekts genauer definiert. Ende ist Ende. Leider bleibt die immer wieder empfohlene, anschließende Feier trotzdem meistens aus, weil die Projektmitglieder ihre Energie schon längst in das nächste Projekt investieren – das nicht im gleichen Unternehmen stattfinden muss. Damit dreht sich das Projekt-Rad weiter und weiter ... und immer schneller.

Selbstorganisation: Die Schwarmintelligenz ist angekommen

Von *Schwarmintelligenz* und den neuen Formen der *Selbstorganisation* lesen wir schon lange, ohne dass diese Organisationsformen aber tatsächlich in der Praxis angekommen sind. Mein Eindruck ist, dass sich das mit dem Eintritt der Digital Natives in die Unternehmen nun ändern könnte.

Zum einen, weil diese neuen Organisationsformen von der älteren Generation im Top-Management mittlerweile verstanden wurden. Und zum anderen, weil Digital Natives diese Form ganz selbstverständlich leben – nicht zuletzt deshalb, weil sie schon in der Schulzeit mit Formen des Selbstlernens und der Selbstorganisation konfrontiert worden sind. Montessori-Methoden sind längst zum Mainstream geworden. Es war nur eine Frage der Zeit, bis sich die Wirkungen des pädogischen Wandels in den Unternehmen zeigen.

> *„Ein Wunsch ist es, dass sich Teams in Zukunft selbst organisieren. Ähnlich wie die Open-Source-Community."*
> Alfred Veider, CEO Thales Austria GmbH.,
> Vice President Thalesgroup

Projektmanagement: Das Team als Löschtruppe

Doch was heißt eigentlich Selbstorganisation im Projektmanagement? Drei Forscher der TU Chemnitz sind dieser Frage nachgegangen und haben 20 Experten aus „Hochleistungssystemen" interviewt: Feuerwehrleute, Spezialeinsatzkommandos der Polizei, Rettungssanitäter. Diese Teams organisieren sich im Einsatz immer selbst. Es würde viel zu lange dauern, wenn hier ein Projektleiter detaillierte Kommandos gäbe.

Hier die Befunde, die uns dabei helfen können, die Selbstorganisationsfähigkeit von Teams ein wenig besser zu verstehen:

Zielorientierung: Alle Mitglieder derartiger Hochleistungsteams sind bereit, ihre persönlichen Ziele während eines Einsatzes zurückzustellen. Stattdessen konzentrieren sich alle auf das große Ziel (z.B. ein Leben zu retten). Deshalb sind sie auch in der Lage, sich an veränderte Rahmenbedingungen blitzschnell anpassen.

Achtsamkeit: „Die Fähigkeit, die Umwelt und deren Veränderungen ganzheitlich und frühzeitig wahrzunehmen", ist dem Chemnitzer Forscherteam zufolge „eine elementare Grundlage von Hochleistung". Das heißt: Jeder muss auf jedes Detail achten, damit nichts schiefläuft.

Organisationsstruktur: Typisch für Hochleistungsteams sind flexible und vernetzte Strukturen. Ausschlaggebend ist nicht die Dienstbeschreibung, sondern die Anforderung der aktuellen Situation.

Rollenverständnis: Hochleistungsteams haben zwar Rollen definiert, arbeiten aber mit überlappenden Kompetenzen. Das heißt: Im Notfall werden Rollen getauscht. Das funktioniert, weil alle Beteiligten eine gemeinsame Vorstellung über den Gesamtablauf teilen.[93]

Wie können wir uns das jetzt in der Praxis vorstellen? Eigentlich liegt es auf der Hand: Bei einem Löscheinsatz kämpft kein Feuerwehrmann um seine Karriere, sondern darum, Menschenleben zu retten. Jeder achtet darauf, wo und wie sich die Lage ändert. Und im Zweifelsfall rollt derjenige den Schlauch aus, der am nächsten steht – auch wenn das der ranghöchste Feuerwehrmann ist.

Nicht jedes Digital-Native-Team muss eine existenziell bedrohliche Situation in den Griff bekommen. Doch durch die extrem verkürzten Laufzeiten und die oft sehr eng gesteckten Budgets bei gleichzeitig starker Konkurrenz auf dem Weltmarkt kommt dennoch oft das Gefühl auf, gemeinsam schnell ein Feuer löschen zu müssen. Deshalb können wir die Feuerwehr-Metapher gewissermaßen ausleihen, um die Zugangsweise der Digital Natives zu Projekten besser zu verstehen. Dass das Gefühl, gemeinsam einen Kampf ausfechten zu müssen, im heutigen Projektmanagement eine zentrale Rolle spielt, bestätigte in unserem Interview Christiane Noll, Geschäftsführerin Enterprise Services bei Microsoft:

„Das Team-Set-up ist von großer Bedeutung. Damit ist gute Stimmung und ein Miteinander eher möglich. It's all about people. Wichtig ist der richtige ‚fighting spirit'."

Christiane Noll, CEO Enterprise Services

Ich war früher als Profi-Volleyballspieler in der Österreichischen Bundesliga im Einsatz – daher noch ein Beispiel aus dem Sport: Im Volleyball ist es so, dass sechs Spieler auf dem Platz stehen. Es gibt noch weitere drei bis sechs Spieler (ich nenne sie absichtlich *nicht* Ersatzspieler), die aus taktischen Gründen hinzugezogen und punktuell eingesetzt werden. Alle neun bis zwölf Spieler sind Vollprofis, haben hart trainiert und hätten die Berechtigung, auf dem Platz zu stehen.

Wer tatsächlich spielt, hängt von der Tagesverfassung ab. Wenn es bei einem nicht läuft, springt der Nächste ein und übernimmt seine Rolle. Denn: Nur im Team ist man stark. Alle haben nur ein Ziel vor Augen: den Sieg zu erringen. Da haben individuelle Befindlichkeiten keinen Platz – nicht im Zusammenschluss. Dass jeder für sich ein eigenes Leben führt, eigene Ziele verfolgt, eigene weitere Interessen hat, hat damit nichts zu tun. Auch Schuldzuweisungen haben keinen Platz. Wenn der Punkt an den Gegner geht, heißt es zusammenhalten und den nächsten Punkt für die eigene Mannschaft holen. Wenn der Hauptangreifer den Punkt macht, dann ist nicht er alleine *der Star,* sondern immer das Team. Denn es braucht eine perfekte Annahme, ein perfektes Zuspiel, um dann den Ball vorbei an einem Doppelblock neben den gegnerischen Verteidigern im Spielfeld zu versenken.

Doch zurück ins Business: Wie passen agile, „kampflustige" Höchstleister nun in ein Unternehmen?

Neue Teamformen in den Unternehmen der Zukunft

Laut Zukunftsprognose der Fraunhofer IAO (Arbeitswelten 4.0) werden sich die Organisationsformen der Unternehmen in zwei Richtungen ausdifferenzieren: Auf der einen Seite wird die *Caring Company* stehen, die ihre Mitarbeiter und Teams umsorgt und eng an sich zu binden versucht. Auf der anderen steht die *Cloud Company* – eine weitgehend fluide Organisation, die ihre Mitarbeiter temporär über Talent-Plattformen anwirbt und wieder abstößt, sobald ein Projekt beendet wurde. Was heißt diese Polarisierung für die Teams der Zukunft?

Caring Company-Teams

Die sogenannten Caring Companies bemühen sich um ein Corporate Life im Sinne einer langfristigen Partnerschaft: Sie bieten Mitarbeitern und deren Familien Wohnung, Ausbildung, Gesundheitsvorsorge und Freizeitbeschäftigungen. Konjunkturelle Schwankungen werden ausgeglichen durch Lebensarbeitskonten, Sabbaticals oder interne Qualifizierungsprogramme.[94]

In solchen Rahmenbedingungen wären Teammitglieder jeweils schon miteinander und mit der Unternehmenskultur vertraut. Es entstünden keine Risiken durch plötzliche Abwanderung von Teammitgliedern.

Cloud Company-Teams

Unternehmen, die ihre Mitarbeiter aus einem freien Pool von Wissensarbeiten jeweils temporär rekrutieren, haben den schönen Namen *Cloud Company* bekommen. Auf den Portalen, über die sich die Cloudworker selbst anbieten, lassen sich die Bewertungen ihrer Fähigkeiten abrufen. Umgekehrt bewerten die Cloudworker aber auch die Qualität ihrer Kunden.

Für Teams bedeutet das: Pro Einsatz werden Teams jeweils neu zusammengestellt, die sich innerhalb kürzester Zeit formieren und dann zu Höchstleistungsfähigkeit auflaufen müssen. Das funktioniert nur, wenn jeder einzelne flexible Wissensarbeiter seine Kompetenzen und seine technische Infrastruktur ständig auf dem Laufenden hält. Auf der anderen Seite brauchen auch die Unternehmen eine passende technische Struktur, um die Beziehungen zwischen Kernorganisationen und externen Projektmitarbeitern zu managen.

Mischformen

Reine *Care* oder *Cloud Companies* werden aller Wahrscheinlichkeit nach in Zukunft die Ausnahme darstellen. Eher scheint es mir denkbar, dass sich viele verschiedene Mischformen etablieren. Schon heute planen 20 Prozent der Betriebe mit rein intern besetzten Projektteams, diese durch externe Mitarbeiter zu verstärken. Knapp 60 Prozent sind der Meinung, dass gemischte, mit internen und externen Mitarbeitern besetzte Teams durch den Knowhow-Transfer ihre Produktivität und Innovationsfähigkeit steigern. Das zeigte die Hays-Studie *Arbeits- und Organisationsstrukturen in Bewegung* (2011).

Das bedeutet wiederum für Teams: Es muss ausreichend Zeit für Kommunikation und Zielklärung eingeplant werden, um die „gemischte Truppe" auf eine Spur zu bringen.

„Vor allem externe Spezialisten müssen für das große, ganze Bild eines Projekts sensibilisiert werden. Diese müssen sich meist auch erst als ein funktionierendes Team etablieren, wenn sie in dieser Konstellation zuvor noch nicht zusammengearbeitet haben."

Franz Bauer, Vorstandsdirektor ÖBB Infrastruktur

Grenzen des agilen Ballwechsels

Das veränderte Verhalten der Digital Natives erfordert von den Unternehmen ein Umdenken im Hinblick auf die Möglichkeiten, Projekte überhaupt noch zu steuern. Es sind neue Risiken entstanden, die unmittelbar auf den Erfolg von Projekten durchschlagen können.

Risikofaktor Fluktuation

Die relativ hohe Wechselbereitschaft der Digital Natives führt zu großen Herausforderungen für die längerfristige Personal- und Nachfolgeplanung. Projekte können in existenzielle Krise geraten, wenn zentrale Personen plötzlich abwandern. Denn Wissen und Kompetenzen gibt es nicht losgelöst von Personen, sie lassen sich auch bei einem noch so guten Wissensmanagement nicht auf Servern speichern. Verschwindet eine Person (oder ein ganzer Freundeskreis) aus dem Projekt, ist der Genius weg.

Außerdem führen die schnelleren Wechsel der jungen Generation zu steigenden Kosten in der Personalbeschaffung: Es müssen häufiger neue Mitarbeiter gesucht werden. Und in der Teamentwicklung: Ändert sich die

Teamkonstellation immer wieder, muss in vielen Fällen immer wieder neu in Maßnahmen zur Teamentwicklung investiert werden. Bei allzu häufigen Wechseln kann ich mir vorstellen, dass Unternehmen das Team-Building komplett einstellen – weil es sinnlos wird.

Das Problem ist damit aber nicht gelöst: Ein Team muss sich gut aufeinander einspielen, damit die Ballwechsel sitzen. Hier müssen möglicherweise ganz neue, viel agilere Formen des Teamtrainings entwickelt werden, als wir uns dies heute vorstellen können.

Wiederkehr alter Strukturen

Vom Wiener Projektmanagement-Skeptiker Martin Gössler stammt der Gedanke, dass die zunehmend von allen Projektbeteiligten geforderte Agilität dazu führt, dass sich alte Strukturen gleichsam durch die Hintertür wieder in die Unternehmen einschleichen. Ganz einfach deshalb, weil sie noch funktionieren, wenn sonst gar nichts mehr funktioniert.

„Gerade in Zeiten hoher Instabilität scheinen Organisationen vermehrt auf politische Netzwerke zum Prozessieren von Entscheidungen zurückzugreifen", schreibt Gössler. Die Old-boys-Networks, zunehmend auch neue Young-boys-Networks erlebten in und um Projekte ihre Renaissance, weil sich notwendige Informationsflüsse, Verhandlungsprozesse und Entscheidungen im allgemeinen Chaos in diese Strukturen zurückverlagerten.[95]

Ich halte dies für einen sehr wichtigen Hinweis. Denn auch wenn wir der Generation der Digital Natives eine auf Offenheit, Toleranz und Teilhabe fokussierte Grundhaltung unterstellen, entspricht dies doch in erste Linie den theoretischen Befunden. Wie genau es jeweils tatsächlich in der Praxis aussieht, steht auf einem anderen Blatt. Nur weil eine theoretische Herleitung schlüssig erscheint, heißt das noch lange nicht, dass sich eine komplette Generation entsprechend verhält. Es ist also mehr als sinnvoll, die Aufmerksamkeit auf mögliche *backlashs* zu lenken und sehr wachsam darauf zu reagieren.

Was heißt das nun für das Projektmanagement?

Die Veränderung des Umgangs miteinander hat ganz gravierende Auswirkungen auf das Projektmanagement. Wieder sehe ich zwei zentrale Themen:

Erstens eine **Emotionalisierung** in der Zusammenarbeit, die sich durch einen Trend zu mehr Freundschaft zeigt, durch eine höhere Offenheit und einen anderen Umgang mit Konflikten. Zweitens eine **Flexibilisierung**, die sich durch eine höhere Fluktuation im Team und durch fluidere Unternehmensformen insgesamt bemerkbar macht.

Freundschaft: Teammitglieder werden zunehmend als Freunde wahrgenommen, rücken emotional also näher als reine „Kollegen". Mit diesen Freunden teilen Digital Natives im Idealfall Interessen, Werte und Ziele.

Offenheit: Nicht mehr der hat die größte Macht, der Wissen hortet und dosiert verteilt, sondern derjenige, der möglichst viel Wissen möglichst intelligent verknüpft, strukturiert und weiter verteilt. Das neue Motto heißt: *Sharing is caring.*

Konflikte: Durch die hohe Bedeutung von Freundschaft, Zuneigung und Einigkeit (siehe die durch Facebook geprägte „Like it!"-Kultur) ändert sich der Umgang mit Konflikten. Kritiker bemängeln, dass Digital Natives Konflikten lieber aus dem Weg gehen als diese konstruktiv zu lösen.

Flexibilisierung: Höhere Fluktuation im Team führt dazu, dass Projektmitglieder sich immer wieder neu arrangieren. Gleichzeitig führt das Arbeiten unter Hochdruck (Stichwort Hochleistungsteam) und unter extrem kompetitiven Rahmenbedingungen (Stichwort *fighting spirit*) dazu, dass alle Teammitglieder flexibel mit ihren Rollen umgehen müssen.

Auflösung: Was die Strukturen der Unternehmen angeht, so werden wir in Zukunft möglicherweise eine Entwicklung in zwei extreme Richtungen erleben. Auf der einen Seite werden Caring Companies versuchen, einen Projektmitarbeiter möglichst eng an sich zu binden. Auf der anderen Seite stehen Cloud Companies, die sich ausschließlich aus flexiblen freien Mitarbeitern (Cloudworkern) zusammensetzen. Dazwischen werden zahlreiche Mischformen entstehen.

Interessant für die Zukunft des Projektmanagements ist vor allem, wie sich Mitarbeiter in derartig fluiden Strukturen überhaupt noch führen lassen. Das schauen wir uns im nächsten Kapitel genauer an.

Kapitel 6

Projekte leiten: Wie Digital Natives in Projekten führen – und sich führen lassen

A uf vorgeschriebene Wege und Prozesse, zuweilen sogar auf festgelegte Ziele reagieren Digital Natives allergisch – sie wollen am liebsten alles selbst steuern. Mit harten Entscheidungen von oben tun sie sich schwer. Und wenn sie sich selbst nicht verwirklichen können oder nicht genug Sinn in ihrer Arbeit sehen, dann gehen sie eben. Führungskräfte stehen damit vor ganz neuen Herausforderungen. Lassen sich Digital Natives überhaupt noch führen? Und wie sieht der Führungsstil der Digital Natives aus?

Führung: Von Unterwerfung zur Kollaboration

Warum und woher haben Führungskräfte in der Vergangenheit eigentlich ihre Macht bezogen? Verschiedene Werkzeuge standen (und stehen) ihnen zur Verfügung, die ich hier bewusst überspitzt darstelle:

Bestechung: Wenn Führungskräfte Boni auszahlen, Firmenwagen oder Eckbüros, Verantwortung und Macht zuteilen können, dann wirken diese Bonbons wie Bestechung. Der Geführte folgt der Führungskraft, weil er seine Belohnung haben möchte.

Strafe: Eine schlechte Beurteilung, keine Gehaltserhöhung, die Zuteilung eines fensterlosen Büros – diese Methoden der Abstrafung stehen vielen Führungskräften zur Verfügung. Mitarbeiter folgen der Führungskraft, weil sie Angst vor Strafe haben.

Sheriffstern: In Unternehmen sind die meisten Führungskräfte mit legitimer Macht ausgestattet. Das heißt: Es ist irgendwo (zum Beispiel im Arbeitsvertrag) festgeschrieben, wer führen darf und wer Folge zu leisten hat.

Geheimwissen: Wer über mehr Wissen verfügt, der hat die besseren Argumente und größere Möglichkeiten, Mitarbeiter durch Information (und Desinformation) zu lenken.

Charisma: Hat eine Führungskraft besonders ausgeprägte Fähigkeiten der Selbststeuerung, kombiniert mit Exzellenz in ihrem Fach, hoher Integrität und Lebensklugheit, so suchen sich Mitarbeiter diese gerne als Identifikationsfigur aus. (Was Charisma ist, lässt sich nur schwer erklären. Deshalb schauen wir uns das Thema später noch einmal genauer an.)

Fachkompetenz: Gilt eine Führungskraft als Guru in ihrem Fach, folgen viele Mitarbeiter ihr ebenfalls freiwillig. Auch hier hilft kein Kurzseminar – eine derartige Aura ist das Ergebnis jahrelanger, harter Arbeit.[96]

Bestechung, Prügel, Sheriffstern und Geheimwissen gelten heute natürlich nicht mehr als korrekte Mittel der Führung – dennoch sehe ich den Einsatz dieser Unterwerfungsmethoden auch heute noch in der Praxis. Kein Wunder: Die Methoden funktionieren weiterhin sehr gut.

Als erstrebenswert gelten heute das Charisma- und das Fachkompetenz-Modell. Führung heißt heute also nicht mehr: „Ich gehe mit Zuckerbrot und/oder Peitsche voran." Oder: „Ich übe Macht aus durch meine Position oder meinen Wissensvorsprung." Stattdessen heißt Führung: „Ich bin Teil des Teams und das Team folgt mir freiwillig kraft meiner fachlichen und persönlichen Autorität."

Erzwungene Unterwerfung wird abgelöst durch freiwillige Kollaboration. Diesen Trend bestätigt Frank Roebers, Vorstandsvorsitzender der Synaxon AG – ein Unternehmen, das radikal auf Strukturen der Selbstführung setzt.

„Wir sind erstaunt, wie wenig sich unsere Führungsarbeit verändert hat. Bei uns ist nach wie vor ein ganz klarer Bedarf an Führungskräften vorhanden. Ich glaube, der Trend geht jedoch stark zu einer konsensualen und informellen Führung. Es gilt, aus einer natürlichen Autorität heraus zu führen – ein Ausruhen auf dem Titel einer Position gibt es nicht mehr."

Frank Roebers, Vorstandsvorsitzender der Synaxon AG[97]

Starke Führungskräfte profitieren Roebers zufolge von dieser Entwicklung, schwache hingegen geraten unter Druck.

Sonderfall Projektführung

An dieser Stelle spätestens müssen wir allerdings unterscheiden zwischen Führung in der Linie und Führung in Projekten. Denn Konzepte, die in der Linie erfolgreich und bewährt sind, funktionieren nicht ohne weiters in den Rahmenbedingungen eines Projekts.[98]

Rollenkonflikte: Häufig ist ein Projektleiter gleichzeitig auch Führungs- oder Fachkraft innerhalb der Linie. Er muss also zeitlich begrenzt mit verschiedenen Rollen zugleich jonglieren, die durchaus miteinander in Konflikt geraten können. Ein zentraler Punkt dabei ist: Einerseits verlangt die Führung eines Projekts Wirksamkeit, andererseits ist ein Projektleiter zumeist nicht mit disziplinarischer Macht ausgestattet. Es besteht für ihn also die Notwendigkeit, zu führen, für die Mitarbeiter besteht aber nicht zwingend die Notwendigkeit, ihm zu folgen.

Interessenkonflikte: Wenn in einem Projekt Vertreter aus verschiedenen Abteilungen und Hierarchien zusammenkommen, prallen die Konflikte, die zwischen den verschiedenen Teilen einer Organisation ohnehin bestehen, direkt aufeinander. Außerdem müssen Projektleiter (und da geht es ihnen wie jedem Manager der mittleren Führungsebene) Interessenkonflikte zwischen dem Top-Management und den Mitarbeitern an der Basis ausbalancieren.

Ressourcenkonflikte: Heute arbeiten Projektmitglieder meistens parallel in Projekten und in der Linie. Kein Wunder, dass es hier zu einem Kampf um die zeitlichen Ressourcen der besten Köpfe kommen kann.

Innerhalb dieser schwierigen Rahmenbedingungen gilt es also, nach einem funktionierenden Führungskonzept zu suchen. Ansätze dazu wurden bereits beschrieben – übrigens schon vor dreißig Jahren. Zu dieser Zeit hat Peter Drucker über den Wechsel von den alten Mechanismen von Befehl, Gehorsam und Kontrolle hin zu konstruktiven Methoden der Zusammenarbeit gesprochen.

Vor wenigen Jahren dann tauchte das Modell der „lateralen Führung" in der Management-Literatur auf. Die Idee: Führungskräfte ohne legitime

Macht müssen – ähnlich wie ein Fußballtrainer am Platz – irgendwie von der Seite führen und dabei auf freiwillige Gefolgschaft setzen.

Heute ist die Zeit gekommen, in der diese theoretischen Modelle in der Praxis ankommen können. Die junge Generation bringt offenbar genau das richtige *mindset* mit. Das betätigt auch Christoph Leitl, Präsident der österreichischen Wirtschaftskammer.

„Führung wird auch in Zukunft wichtig sein. Führen wird aber anders sein und dementsprechend verändern sich auch die Anforderungen an Führungskräfte. Die persönliche Zugkraft, das Charisma der Führungskräfte, die Glaubwürdigkeit, also die Fähigkeit, die Mitarbeiter auf ein gemeinsames Ziel einzuschwören, werden stärker gefordert sein.“

Christoph Leitl, Präsident der österreichischen Wirtschaftskammer

Leiten von der Seite

Nun stellt sich die Frage, ob eine solche Führung von der Seite, die nur auf der persönlichen Aura der Führungskraft beruht, funktionieren kann und was dieser Ansatz für das Team und die Projektleitung bedeutet.

Entweder: Endlich entspannt führen

Betrachten wir zunächst wieder die positiven Aspekte. Wenn wir den Gedanken von Frank Schäfer (*Minimal Management*) folgen, dann sehen wir, dass Führung im herkömmlichen (also unterwerfenden) Sinne ohnehin nicht mehr funktioniert. Denn ein Unterwerfungsimpuls wirft in heutigen Netzwerkstrukturen nicht mehr nur einen einzigen Spieler um, sondern reißt die mit ihm vernetzten Player und Prozesse gleich mit. Das Ergebnis ist ein Schaden, der sich auf den ersten Blick gar nicht mehr beziffern lässt, der aber im Extremfall das Scheitern eines ganzen Projekts nach sich ziehen kann.

Wenn Führungskräfte nun auf derartige Machtspiele verzichten, richten sie weniger Schaden an. Und haben überdies weniger Stress, der ansonsten durch die Kollateralschäden mit jeder Führungshandlung verbunden war.

Die neuen Manager, so hofft Schäfer, werden „in der Lage sein, wesentlich subtilere und indirektere Formen der Steuerung zu entwickeln als die jetzige Generation von Managern". Sie werden „mit minimalem Aufwand maximale Führungswirkung erreichen". Also weniger Stress haben (im Sinne von plakativer Führungsarbeit im alten Heldenstil) und zugleich mit besseren Ergebnissen überzeugen.[99]

Oder: Führung funktioniert nicht mehr

Pessimisten können an diese Utopie nicht glauben. Sie sehen nur den Frust, der deshalb entsteht, weil Projekte regelmäßig aus dem Ruder laufen. Und sie sehen die Gefahr, weil jede Führung im vernetzten System zu einem riskanten, wenn nicht sogar existenziell gefährlichen Unterfangen wird, Projekte aber ganz ohne Führung auch nicht funktionieren.

Aus der pessimistischen Perspektive sehen wir also ein Dilemma ohne Ausweg.

Ist Führung via Feedback die Lösung?

Doch mit der Es-wird-doch-alles-immer-schlimmer-Haltung können wir uns nicht zufriedengeben. Deshalb nehmen wir jetzt die Chancen und Risiken wieder gleichzeitig in den Blick.

Dabei zeigt sich: Wenn sich der Zeitbegriff der Digital Natives von einem stupiden Zeitmanagement hin zu einem intelligenten Agieren im richtigen Moment verändert hat, dann sollte Projektführung im entscheidenden Augenblick möglich sein. Und zwar durch einen dramaturgisch geschickt gewählten Ortswechsel. Und durch dramaturgisch geschickt gewählte Interventionen in Form eines Gesprächsangebotes – vor allem durch die Aufforderung zur gemeinsamen Reflexion.

Die meisten Beiträge über Digital Natives stellen ihr ausgeprägtes Bedürfnis nach Feedback in den Mittelpunkt – so, als würde die junge Generation noch immer Fleißpunkte, Belohnungsaufkleber oder trophys sammeln. Die schon mehrfach zitierte PwC-Studie zum Beispiel zeigte, dass sich 41 Prozent der hier Millenials genannten Generation möglichst ein monatliches Feedback wünschen, wohingegen nur 30 Prozent der Nicht-Millennials diese Häufigkeit in der Rückmeldung erwarten.

Dahinter steht vielleicht nur der Wunsch nach gemeinsamer Reflexion? Das Problem: Wir leben in einer Kultur, in der Wertschätzung ganz klein geschrieben wird. Nach dem Motto „Kein Tadel ist Lob genug" können sich Mitarbeiter glücklich schätzen, keine Schelte erhalten zu haben.

Ich bin überzeugt davon, dass Führung durch eine Feedback-Kultur möglich ist. Und zwar in beiden Richtungen. Loben Sie Ihre Mitarbeiter, fordern Sie selbst aber auch Lob ein! Wer sagt denn, dass Sie als Führungskraft resistent gegen Lob sind? Also ich kann damit sehr gut umgehen und freue mich, wenn ich Lob erhalte.

Wenn Lob nie auf der Tagesordnung stand, dann werden zunächst Unverständnis oder sogar Widerstände auftauchen. Vielleicht werden Mitarbeiter, die ein Chef-Lob wagen, sogar als (Pardon:) *Arschkriecher* bezeichnet. Mit der Zeit werden Sie erkennen, dass der Umgang miteinander liebevoller wird und in schwierigen Situationen es einfacher wird, sich gegenseitig zu helfen und zu unterstützen. Gegenseitiges Lob ist letztendlich nichts anderes als konstruktive Reflexion. Diese gelingt nur dann, wenn Sie schwierige Themen dabei nicht ausblenden. Auch darüber muss selbstverständlich gesprochen werden, und zwar mit größtmöglicher Offenheit.

Nur mit gemeinsamer Reflexion ist Entwicklung möglich.

Projektführung als Chaosmanagement

Heute wissen wir eigentlich, dass eine Projektführung mit den linearen Methoden und einfachen Kausalitätsvorstellungen des längst vergangenen Industriezeitalters nicht mehr möglich ist. Wir wissen eigentlich, dass Projektmanagment heute immer auch Chaosmanagement ist.

Dass sich Ziele, Termine, Budgets, Anforderungen, Teammitglieder, Arbeitsorte und Zeitpläne ändern, ist normal geworden. Mehr noch: Chaos ist die neue Kerneigenschaft aller komplex angelegten Projekte.

Für Projektleiter ist dieser Befund freilich mehr als unangenehm. Wie lässt sich ein Projekt überhaupt noch führen, wenn es keine Konstanten mehr gibt?

Bei der Suche nach neuen Methoden der Projektführung fallen zwei Ansätze besonders ins Auge: der Versuch, das äußere Chaos durch die Beherrschung des innerpsychischen Chaos in den Griff zu bekommen. Und der Versuch, quasi wie ein Akupunktur-Meister das Projekt-Netzwerk genau zur richtigen Zeit und an genau der richtigen Stelle nur sehr wenig anzustechen, um letztendlich doch eine maximale Wirkung auf das Gesamtsystem zu erzielen.

Selbstorganisation: Selbstführung als neue Projektführung?

„Nur wenige Führungskräfte sehen ein, dass sie letztendlich nur eine einzige Person führen können müssen. Diese Person sind sie selbst."[100]

Dieser Satz stammt von Peter Drucker, der schon im vergangenen Jahrhundert als Management-Vordenker galt.

Heute bestätigt sich sein Eindruck in der Praxis: Gute Selbstführung ist offenbar in der Lage, einen *Sog* zu erzeugen.[101] Nach einer Definition von Günter F. Müller, Arbeitspsychologe, der bis 2012 an der Universität Koblenz-Landau forschte und lehrte, heißt Selbstführung nichts anderes als „sein Fühlen, Denken und Handeln zielorientiert zu steuern, absichtsvoll zu verändern, wirkungsvoll zu kontrollieren und wertebezogen weiterzuentwickeln".[102]

Unterschieden werden dabei emotionale, kognitive und behaviorale Selbstführungstechniken. Das heißt: Eine Führungskraft, die sich selbst gut an der Leine führt, kann ihre Launen kontrollieren, sie kann ihre Gedankengänge kontrollieren und das eigene Verhalten. Das sind Fähigkeiten, die den als emotional (um nicht zu sagen: launisch) und egozentrisch und in ihren Handlungen reichlich unkontrollierbaren Digital Natives gerade nicht zugeschrieben werden. Und doch ergibt sich ein interessanter Brückenschlag:

Führung via Selbstführung passt tatsächlich gut zum mindset der Digital Natives. Denn beim klassischen Selbstmanagement (im Sinne von Zeitmanagement, Selbstkontrolle, effektives Abarbeiten von Checklisten) sind die Ziele von außen vorgegeben. Bei der Selbstführung dagegen entwickelt und setzt jeder seine Ziele selbst.

Dass es Digital Natives dabei wieder nicht nur um den Job, sondern ums große Ganze geht, zeigt ein Zitat einer jungen Studentin:

„Ein guter Manager handelt über die Sphäre der Arbeit hinaus verantwortungsvoll. Verantwortung zeigt man nicht nur durch die Führung seiner Mit-

arbeiter. Verantwortung trägt man zugleich gegenüber seiner Familie, seinen Freunden, seiner Community. Sich dieser Aufgabe mit der Ausrede, auf der Arbeit viel zu tun zu haben, nicht zu entziehen, zeigt wahre Stärke."

Linda Beck, 23, Studentin[103]

Und dass dieses Denken längst in der Praxis auch bei älteren Führungskräften angekommen ist, zeigen unsere Interviews:

„Ich lebe meine Visionen vor, in dem ich permanent reflektiere. Wer bin ich? Was will ich? Wo will ich hin? Ich schaffe Zeit und Raum, um Fragen zu stellen. Weiterentwicklung beginnt mit Reflexion."

Robert Rogner, CEO Rogner International

„Ich versuche authentisch zu sein, das vorzuleben, was ich von den anderen erwarte, klare Aussagen zu treffen und diese einzuhalten. Außerdem ist mir der permanente Kontakt mit meinen Mitarbeitern wichtig, nicht nur auf fachlicher, sondern auch auf zwischenmenschlicher Basis."

Markus Aeschimann, Director Corporate Project
Management Swarovski

Ist Selbstführung also das neue Allheilmittel des strauchelnden Projektmanagements? Natürlich nicht. Denn Selbstführung ist überhaupt nichts Neues. Sie gehört zu den grundlegenden Themen der Menschheit, zu denen sich römische Philosophen und Staatsmänner und asiatische Gelehrte schon vor Tausenden von Jahren Gedanken gemacht haben. Warum das Thema ausgerechnet jetzt wieder modern wird und welche Irrwege daraus entstehen können, schauen wir uns im letzten Abschnitt dieses Kapitels an.

• •

KANN MAN FÜHRUNG LERNEN?

Sie erinnern sich an Herrn Jungmann und Herrn Erfahren, die aus unterschiedlichen Generationen stammen und nun zusammenarbeiten müssen? Sie haben sich mittlerweile angenähert, weil sie verstanden haben, dass sie beide voneinander lernen können. Mehr noch: Sie haben sich das *Du* angeboten. Dazu

hat Herr Erfahren einen sehr großen Sprung über seinen eigenen Schatten ge-
wagt. Hören wir jetzt zu, wie sich die beiden über das Thema Führung austau-
schen.

Jungmann: Es heißt, Führung funktioniert zunehmend über den Aspekt der
Persönlichkeit. Kann man eigentlich lernen, eine Persönlichkeit zu sein?

Erfahren: Hmm, ich fürchte: Lernen kann man das nicht. Man kann höchstens
lernen, authentisch zu sein. Wichtig ist in jedem Fall die Balance zwischen
Ergebnis und Zufriedenheit des Teams: Die schönsten Zahlen nützen wenig,
wenn das Team verzweifelt oder am Burn-out vorbeischrammt. Auch der Umgang der Mitarbeiter untereinander muss Beachtung finden.

Jungmann: Das bedeutet, ich kann nur jene Führungspersönlichkeit sein, die in
mir quasi „angelegt" ist?

Erfahren: Genau. Authentizität ist wirklich bedeutsam und wesentlich wichtiger als der Führungsstil allein. Jeder hat schließlich seinen persönlichen Stil
im Umgang mit Menschen. Ein Rezept gibt es nicht. Um auf die Eingangsfrage
zurückzukommen: Dass es einen Zusammenhang gibt zwischen Führungsstil
und erzielten Ergebnissen, ist äußerst spekulativ. Das hängt schließlich von
zahlreichen Faktoren ab. Ein Grundpfeiler allerdings bleibt die Authentizität. Die
braucht es immer, weil sie die Basis ist für Glaubwürdigkeit und Vertrauen. Wenn
ich dir einen Tipp geben dürfte, würde ich sagen: Bleib du selbst.

Jungmann: Dabei hab ich schon öfter den Einwand gehört: „Wer im Job authentisch ist, schadet seiner Karriere."

Erfahren: Darauf kann ich nur sagen: Menschen, die auf diese Weise argumen-
tieren, werden eines Besseren belehrt. Gerade in Zeiten von Krise und Umbruch
braucht es Führungspersönlichkeiten, die in sich ruhen, die zu ihrer Meinung
stehen und flexibel sind im Hinblick auf Herausforderungen. Wer da versucht,
eine Rolle zu spielen, der ist bald weg vom Fenster, das kannst du mir glauben.
Authentisch sein heißt aber nicht: Ich mach einfach mal, worauf ich grad Lust
hab. Authentisch sein heißt: sich mit sich selbst auseinandersetzen.

Jungmann: Inwiefern?

Erfahren: Nun, zum Beispiel ist es so, dass ich niemand anderen wertschätzen
kann, wenn ich mich selbst nicht wertschätze. Wertschätzung für andere ist
unmöglich, wenn ich meinen eigenen Wert nicht kenne. Der Weg zur authentischen Führung fängt deshalb damit an, zu erkennen, wer man wirklich ist. Wer

sich hier qualifizieren will, muss in seine eigene Persönlichkeitsentdeckung investieren: Er muss sich mit seinen eigenen Werten und Leitbildern auseinandersetzen. Quasi ein Mission Statement für sich selbst formulieren. Das ist immer auch ein Weg der Selbsterkenntnis. Und keine „gmahte Wiesn", wie man bei uns in Österreich sagt. Im Zuge dieses Prozesses muss ich mich nämlich auch mit fundamentalen Lebensfragen auseinandersetzen. Wer bin ich? Wohin soll ich? Wozu fühle ich mich berufen? Wo stehe ich momentan? Und wie gelange ich an mein Ziel?

Jungmann: Hmm. Das klingt alles sehr ... idealistisch ...

Erfahren: Täusch dich nicht! Das kann alles zu einem handfesten Wettbewerbsvorsprung werden! Authentizität rechnet sich nämlich – das ist Fakt. Authentische Führung trägt nachweislich zum Unternehmenserfolg bei – und zwar nicht in Form einer kurzfristiger Umsatzsteigerung, sondern als langfristige, nachhaltige Wirkung. Eine offene, positive Unternehmenskultur führt zu stärkerer Motivation und Arbeitszufriedenheit der Mitarbeitenden. Das heißt auch: Die Mitarbeiter identifizieren sich mehr mit dem Unternehmen. Andererseits sinken die Fehlerquoten und Krankmeldungen. Außerdem wird das Unternehmen attraktiver für High- Potentials. So etwas spricht sich herum, das kannst du mir glauben. Zahlreiche Projekte scheitern übrigens nicht am Fachwissen – sondern an den Defiziten in der Führung.

Jungmann: Selbsterkenntnis ... Und was brauche ich noch?

Erfahren: „Social Skills" – um die emotionale Intelligenz zu vergrößern.

Jungmann: Zum Beispiel?

Erfahren: Na zum Beispiel in punkto Selbstkontrolle. Das bedeutet: keine privaten Schwierigkeiten in die Firma mitnehmen oder sich vor den Mitarbeitern ausweinen. Geht gar nicht. Andererseits benötige ich Offenheit: Ich muss in der Lage sein, gute wie schlechte Leistungen offen anzusprechen. Eine wichtige Eigenschaft ist Zuverlässigkeit: Wenn ich etwas zusage oder verspreche, dann muss ich es auch einhalten. Fällt dir noch was ein?

Jungmann: Hmm. Gut verhandeln können? Den Mitarbeitern zur Seite stehen, wenn es Probleme gibt. Und wahrscheinlich einfach ethisch korrekt handeln! Die Mitarbeiter respektieren und ihre Leistung anerkennen.

Erfahren: Sehr richtig! Dafür brauche ich aber ein paar Voraussetzungen. Nicht jeder ist für eine Führungsposition prädestiniert, das muss man auch mal sagen.

Jungmann: Und was sind das für Voraussetzungen?

Erfahren: Man sollte mit sich selbst im Reinen sein. Ganz wichtig: Lust haben zu führen. Selbstbewusst sein. Keine Angst vor Fehlern haben. Kritik vertragen können …

Jungmann: Das ist nicht einfach …

Erfahren: Das hat ja auch niemand behauptet! Übrigens: Stumme Fische haben es auch eher schwer in einer Führungsposition … Der Wunsch nach ausführlicher Kommunikation sollte schon vorhanden sein.

Jungmann: Schön gesagt!

Erfahren: Letztlich geht es darum, Vertrauen zu wecken. Vertrauen schafft Handlungsspielräume und verringert die Angst vor Misserfolgen. Dadurch trauen wir uns mehr. Und wir trauen uns mehr zu. Eine Führungspersönlichkeit, die das erkannt hat, hat schon gewonnen.

Jungmann: Also kann man sagen: Vertrauen durch Authentizität?

Erfahren: Das kann man durchaus sagen.

● ●

Nun stellt sich aber die Frage: Reicht es, authentisch im Unternehmen aufzutreten, um wirksam zu führen? Muss eine Führungskraft nicht etwas Konkretes tun? Und wenn ja: Was genau?

Projektmanagement: Impulse setzen – reicht das?

Eine Antwort auf diese Frage ist: Eine wirksame Führungskraft setzt Impulse. Sie bietet im entscheidenden Moment und am richtigen Ort gemeinsame Reflexion an. Das entspricht meiner Beobachtung in der Praxis, das entspricht auch den theoretischen Überlegungen von Minimal-Management-Vordenker Frank Schäfer, und das entspricht auch den Aussagen unserer Interviewpartner.

> *„Es ist wichtig, Impulse zu geben und dies in Form von Reflexion. Impuls – Feedback – Entwicklung."*
>
> Robert Rogner, CEO Rogner International

„Je nach Person ist ein leicht anderer Führungsstil notwendig. Junge Mitarbeiter benötigen eher intensivere Führung, während erfahrene Mitarbeiter auch alleine mit Impulsen und Feedback-Gesprächen gut zurechtkommen.“

Markus Aeschimann, Director Corporate Project
Management Swarovski

Dagegen ist Christiane Noll, Führungskraft bei Microsoft überzeugt:

„Es braucht auch heute noch echte Führungsqualitäten. Lediglich Impulse zu setzen ist zu wenig.“

Christiane Noll,
CEO Enterprise Services

Was denn nun? Wie gelingt es heute noch, Projekte zu steuern? Da wir uns hier auf weitgehend unbeackertem Gelände befinden, bleibt uns nichts anderes übrig, als uns auf eine Spurensuche zu begeben.

Führung im digitalen Zeitalter - eine Spurensuche

Beobachten wir also, wie ältere im Unterschied zu jüngeren Führungskräften vorgehen. Bei den im Folgenden zusammengestellten Befunden ist mir bewusst, dass die Trennung zwischen einer Führung nach Digital-Native-Art und einer eher traditionell ausgerichteten Führung recht willkürlich gesetzt ist. Tatsächlich halten sich einzelne Führungskräfte ja nicht an die Generationen-Schubladen, sondern handeln so, wie sie es selbst für vernünftig halten. Dennoch nehme ich jetzt eine Typisierung vor, um mögliche Differenzen ganz klar aufzeigen zu können.

Erste Spurensuche: Wenn Ypsiloner am Steuer stehen

Vorab müssen wir feststellen: Es gibt insgesamt nicht so viele Projektleiter, die nach 1980 geboren sind. Das bestätigt einer unserer jungen Interviewpartner:

„Junge Projektleiter werden kaum eingestellt. Es werden Projektleiter mit viel Erfahrung gesucht, die komplexe Aufgaben bewältigen können."

Bikash Dhar, Project Manager Mixed Signal Design bei Lantiq Austria GmbH

Gleichzeitig ist es aber auch richtig, dass heute in den Unternehmen bis zu vier Generationen zusammenarbeiten. Eine doppelte Herausforderung: Einerseits kann es zu Konflikten kommen, wenn sehr viel ältere Generationen sehr viel jüngere führen. Vor allem aber ist der umgekehrte Fall schwierig: wenn sehr junge Projektleiter alte Hasen führen sollen.

Dahinter steht folgende Entwicklung: In der Generation unserer Eltern oder unserer Großeltern ging man noch davon aus, dass die ältere Generation gegenüber der jüngeren automatisch über einen Wissensvorsprung verfügt. Dieser resultierte aus der im Laufe der Lebensjahre angesammelten Kompetenz plus Lebenserfahrung.

Heute relativiert sich dieser Vorsprung: Zum einen zählen vor Jahren erworbene, vor allem technische Kompetenzen heute zuweilen überhaupt nichts mehr, weil die Techniken längst verschwunden und durch neuere Techniken ersetzt worden sind. Andererseits haben sich die Rahmenbedingungen in Wirtschaft und Gesellschaft so stark verschoben, dass jüngere Menschen mit den lebensweisen Ratschlägen der Älteren oft nichts mehr anfangen können. Das bestätigt der Frankfurter Soziologe Martin Dornes:

„Vorbilder, also Eltern und Lehrer, können ihre Vor- und Leitbildfunktion nicht mehr durch Berufung auf etwas jenseits ihrer selbst stützen, etwa allgemein verbindliche Werte, die sich repräsentieren, sondern ‚nur' noch oder zumindest überwiegend auf ihre Kompetenz in der Erfüllung einer Aufgabe und auf ihre Persönlichkeit und ihre ‚Ausstrahlung'. Sach- und personale Autorität treten an die Stelle von Amts- und Rollenautorität."[104]

Schauen wir uns nun an, welche neuen Führungsmodelle derzeit in der Praxis auftauchen – auch wenn es sich hierbei um Ausnahmeunternehmen handelt.

Piraten-Methode: Chef-Wahl nach Kompetenz

Sicherlich kennen Sie den U.S.-amerikanischen Kunststoffhersteller W. L. Gore – er produziert zum Beispiel das Material Gore-Tex.

Ähnlich wie in früheren Zeiten auf einem Piratenschiff werden hier Führungskräfte nicht von höheren Hierarchieebenen eingesetzt, sondern von den Mitarbeitern gewählt – und das gilt auch für den CEO. Das Unternehmen verzichtet übrigens auch weitgehend auf Titel, Hierarchieebenen und Weisungsbefugnisse.[105]

Hier zeigen sich also neue Ideen, um Führung zu demokratisieren.

Piloten-Methode: Das Team steuert sich selbst

Ein weiteres Beispiel: Der Videospiel-Hersteller Valve (vielleicht kennen Sie die Produkte *Half Life* oder *Counter-Strike*) arbeitet nach dem Prinzip *liquid leadership* ganz ohne feste Führungskräfte. Es gibt keine Hierarchien, nur Projekte. Das heißt: Die Mitarbeiter entscheiden selbst, woran und wie und mit wem sie arbeiten, sie teilen ihre Arbeitszeit frei ein, und selbst über die Entlohnung entscheidet ein Bewertungssystem durch die Kollegen.[106]

Warum funktioniert so etwas – und wie? Das hat ein Autorenteam um Bernhard Krusche (Autor des Buches *Paradoxien der Führung*, 2008) zu erklären versucht, indem es modernes Management mit der Steuerung eines Kampfjets verglichen hat. Das Beispiel klingt freilich etwas martialisch – dennoch ist es sehr anschaulich, und deshalb habe ich mich dazu entschieden, an dieser Stelle darauf zurückzugreifen.

Also: Ein Kampfjet ist ein in sich instabil konstruiertes Flugzeug, das von einer Blackbox gesteuert wird, die den Kurs in jeder Sekunde mehrfach justiert. Das Flugzeug beobachtet sich gleichsam selbst permanent beim Abstürzen und fängt sich selbst permanent wieder auf. Diese „Form des sich selbst kontrollierenden Chaos" ermöglicht dem Flugzeug überhaupt erst seine hohe Beweglichkeit. Der Pilot übernimmt damit eine neue Rolle: Er sitzt zwar im Cockpit, aber er ist nicht mehr in der Lage, das Flugzeug manuell zu steuern, weil er so schnell nicht agieren kann. Er braucht die Blackbox – umgekehrt braucht die Blackbox aber auch den Piloten. Denn er ist es immer noch, der die Richtung vorgibt und die technischen Systeme instandhält.

Analog zu dieser neuen Rolle eines Kampfjet-Piloten haben, so Krusche, Führungskräfte heute den Job, „Freiraum zu lassen für das Potenzial einer intelligenten Belegschaft und diesen gleichzeitig selbst zu nutzen, um strategische Kurswechsel rechtzeitig einzuleiten sowie die Armada der kooperierenden und konkurrierenden Maschinen im Blick zu behalten".[107]

Revolutions-Methode: Das Team steuert den Chef

Mit der demokratischen Wahl von Führungskräften und mit dem Team als sich selbst steuernde Blackbox sind wir aber noch nicht am Ende. In einer dritten Variante moderner Führung geht *alle Macht vom Volke* aus: Das Team steuert die Führung.

Die Firma Synaxon AG setzt zum Beispiel die Software *Liquid Feedback* ein. Mit diesem Tool werden Mitarbeitermehrheiten abgefragt. Steht eine Mehrheit fest, ist der Vorstand verpflichtet, diese auch umzusetzen.[108]

In einem Interview wurde der Vorstandsvorsitzende Frank Roebers gefragt, was von seinem Unternehmen in Zukunft zu erwarten sei. Seine Antwort: „Zurzeit habe ich noch keine neue Idee." Er gab freimütig zu, auch die bisherigen Entwicklungen nicht vorausgesehen zu haben – in seinem Fall waren das die umwälzende Wirkung eines Unternehmens-Wiki (2006) und die erwähnte Einführung der Plattform Liquid Feedback (2012). „Wichtig ist", sagte er, „dass man den Mut hat, sich auf Veränderungen einzulassen. Und bis jetzt haben mir die Ergebnisse der letzten beiden Entscheidungen recht gegeben."[109]

Damit praktiziert Roebers das, was Frank Schäfer in *Minimal Management* kühn skizzierte: Er entwirft nicht mehr heldenhaft Visionen am Reißbrett, die Manager und Mitarbeiter im Unternehmen dann diszipliniert umzusetzen haben, sondern er fokussiert seine Aufmerksamkeit auf „die Funktion des Potenzials einer Situation, das Resultat eines Prozesses, das Ergebnis eines Ablaufs, der sich in der Realität komplex organisierter Netzwerke wie von selbst vollzieht und an dessen Beginn die günstige Gelegenheit steht – definiert als der am besten geeignete Moment, den Lauf eines begonnenen Prozesses zu beeinflussen, um auf diese Weise mit minimalem Aufwand maximale Wirkung zu erzielen".[110]

Was heißt das konkret? In der Organisation der nächsten Generation könnten sich die intelligent vernetzten Projekt-Teams ihre Ziele selbst suchen

– und damit vielleicht erfolgreicher agieren, als wenn sie, wie gehabt, einer einsam voranschreitenden Führungsfigur folgen.

Zweite Spurensuche: Ansätze älterer Generationen

Digital Natives haben seit Kindheit immer mitentschieden, mitdiskutiert. Sie wurden zumeist nicht mit *starker Hand* geführt. Deshalb sehen sie auch jetzt nicht ein, warum sich das ändern sollte. Dürfen sie nicht mitbestimmen, vergeht ihnen schnell die Lust an der Arbeit.

> *„Wie ich geführt werden möchte? Am besten so wenig wie möglich. Wenn ich selbst nicht die Führung übernehmen und Verantwortung tragen kann, ist es schwer, mich dauerhaft zu motivieren.“*
>
> Philipp Zentner, 22, Student, Web-Enthusiast,
> Gründer des Feedback-Portals www.stomt.com[111]

Führungskräfte der älteren Generation sind aber überzeugt: „You can't lead from behind. Führen bedeutet, vorne zu stehen" – das sagte uns Alfred Veider, CEO Thales Austria GmbH und Vice President Thalesgroup, im Interview. Dass sich Digital Natives gegen Führung sträuben, empfindet er als pubertäres Verhalten:

> *„Die Tendenz zeigt, dass die Mitarbeiter länger pubertär sind. Das ist zwar gut für neue Denkansätze, jedoch bedeutet das auch höhere Anforderungen an die nötigen Führungsqualitäten.“*
>
> Alfred Veider, CEO Thales Austria GmbH.,
> Vice President Thalesgroup

Mit welchen Methoden versucht nun die Generation der Baby Boomer, auch unter den heutigen, immer agiler werdenden Rahmenbedingungen noch zu führen? Sowohl in meiner Praxis als auch in der Literatur stoße ich immer wieder auf zwei Ansätze: Führen mit Zielen und Führen mit Charisma.

Führen mit Zielen

Dass es ein Projektteam unnötig verlangsamt, wenn man jedem Mitarbeiter im Detail vorschreibt, was er wann zu tun hat, ist heute Konsens. Zielorientierte Führung („Management by Objectives") soll hier zu besseren Ergebnissen führen: Dabei gibt die Leitung nur das Ziel vor, nicht aber den Weg, und ermöglicht dem Team so, eigene Erfahrungen, Kompetenzen und Intelligenzen optimal einzubringen. Eine erfolgreiche Zusammenarbeit auf Distanz (wenn Teammitglieder im Home-Office oder an einer anderen Stelle außerhalb des Sichtkreises der Führungskraft arbeiten) wird so erst möglich.

Thales-CEO Alfred Veider ist außerdem überzeugt, dass eine derartige Führung intrinsische Motivation freisetzt:

> *„Man folgt einer Vision, keinem Prozess."*
> Alfred Veider, CEO Thales Austria GmbH.,
> Vice President Thalesgroup

Dieses Führungsprinzip ist freilich nur möglich, wenn im Unternehmen Vertrauen und Transparenz gegeben sind.

Führen mit Charisma

Weil sich Digital Natives gegen willkürlich auf ihren Platz berufene *Vorgesetzte* genauso wehren wie gegen statische Organigramme, steuert auch die ältere Generation zunehmend weg von unterordnenden Führungsmethoden und hin zu mehr kollaborativen Formen der Zusammenarbeit.

Doch wenn man Mitarbeiter nicht mehr an der Leine ziehen darf – wie schafft man es, dass sie ohne Leine folgen? Die gängige Antwort lautet heute: mit Charisma. Entsprechend populär sind Ratgeberbücher und Trainings zu diesem Thema geworden.

● ●

WAS HEISST CHARISMATISCH-TRANSFORMATIONAL?

Es ist gar nicht so einfach, genau zu definieren, was Charisma eigentlich ist und wie man selbst zu Charisma kommt. Hören wir deshalb noch einmal Herrn Erfahren und Herrn Jungmann zu, die über dieses Thema debattieren.

Jungmann: Mal ehrlich: Du arbeitest ja auch als Projektleiter. Wie bist du eigentlich so?

Erfahren: Wie ich so bin? Gute Frage. Lass mich mal überlegen… Autoritär? Nein, ganz bestimmt nicht. Partizipativ? Schon eher. Am bestens trifft's noch: „charismatisch-transformational". (lacht)

Jungmann: Transfor – wie bitte?

Erfahren: Charismatisch-transformational.

Jungmann: Muss ich nachsitzen, wenn ich mir das nicht merke?

Erfahren: Keine Sorge, wir sind ja nicht in der Schule.

Jungmann: Zum Glück bist du nicht autoritär! Ich kann mir lebhaft vorstellen, wie das aussehen würde: Ich bin dein Sklave – und du sagst mir, was ich zu tun habe …

Erfahren: Sklaverei ist abgeschafft, mein lieber Jungmann. Aber du hast im Ansatz recht: Viel Widerspruch duldet die autoritäre Führungskraft nicht … Was glaubst du, was sind weitere Merkmale eines autoritären Führungsstils?

Jungmann: Nun, ich nehme an, dass der Mitarbeiter eher als Untergebener betrachtet wird, nicht als Partner.

Erfahren: Genau. Und weiter?

Jungmann: Wahrscheinlich trifft der Chef alle Entscheidungen selbst.

Erfahren: Das stimmt.

Jungmann: Bestimmt ist er auch distanziert und achtet penibel auf die Einhaltung der Hierarchie.

Erfahren: Du hast recht! Erkennst du an diesem Stil auch positive Seiten?

Jungmann: Hmm … Ich nehme an, dass die Mitarbeiter ziemlich spuren – und ordentlich arbeiten?

Erfahren: Zweifellos. Interessanterweise tun sie das aber nur, solange der Chef in der Nähe ist. Kaum ist er weg, ermüdet der Arbeitseifer rasch.

Jungmann: Wenn die Katze aus dem Haus ist …

Erfahren: … feiern die Mäuse Kirchtag, genau.

Jungmann: Sag mal: Was sind das eigentlich für Typen? So als Mensch.

Erfahren: Nun, in der Regel sind sie sehr stark leistungsorientiert. Klar und eindeutig in ihren Aussagen, sehr engagiert. In den Beziehungen zu den Mitarbeitern eher kühl. Sie kritisieren gerne, dulden aber selbst keine Kritik. Und besitzen oft ein ausgeprägtes Überlegenheitsgefühl.

Jungmann: Ich hatte mal so einen Projektleiter. Das war nicht lustig, ehrlich. Wir hatten regelrecht Angst vor ihm. Er hatte nie ein nettes Wort auf den Lippen, geschweige denn ein Lächeln. Jede Leistung, egal wie gut, wurde kritisiert und man hatte immer das Gefühl, dass die eigene Arbeit nichts wert ist. Interessanterweise haben wir das Projekt sensationell gut abgeschlossen. Es war ein dreiviertel Jahr mit viel Stress und Qualen, aber der Erfolg gab ihm recht.

Erfahren: Schon möglich. Dieser Führungsstil kann zum Erfolg führen, wenn schnelle Ergebnisse verlangt werden. Langfristig aber kann das nicht wirklich funktionieren ...

Jungmann: Na, da lob ich mir doch diesen anderen Führungsstil. Wie hat der geheißen?

Erfahren: Partizipativ. Das klingt schon freundlich. Nach Kooperation. Ist der krasse Gegensatz zum autoritären Führungsstil.

Jungmann: Klingt gut!

Erfahren: Hat auch eine Menge Vorteile: Die Mitarbeiter sind sehr motiviert, auch weil Kreativität und Entscheidungsbereitschaft gefördert werden. Die partizipative Führungspersönlichkeit ist auch viel eher bereit, Aufgaben und Entscheidungen zu delegieren. Dadurch kann sie sich selbst entlasten – kein ungeschickter Schachzug!

Jungmann: Toll! So einen Chef wünscht sich doch jeder ...

Erfahren: Hmm, aber wenn wir die Ergebnisse betrachten, müssen wir auch hier differenzieren ... Der kooperative Führungsstil kann nämlich zu unendlichen Diskussionen führen. Und zwar in so einem Ausmaß, dass eine Entscheidung gar nicht mehr möglich ist. Böse ausgedrückt: Nicht wenige von den „Partizipativen" drücken sich vor der Verantwortung. Wenn ein Team selbstständiges Arbeiten gewohnt ist und superprofessionell ist, kann es funktionieren. Letztendlich bedarf es meiner Meinung nach dennoch einer Führungskraft, die Verantwortung übernimmt und Entscheidungen trifft.

Jungmann: Also sind offenbar beide Varianten nicht das Gelbe vom Ei ... Aber, halt! Hast du nicht gesagt, du wärst charismatisch- wie noch?

Erfahren: Super gemerkt! Charismatisch-transformational. Klingt furchtbar kompliziert, ist es aber gar nicht. Meint nämlich eine außergewöhnliche Person, die dank ihres natürlichen Charismas von den Mitarbeitern bewundert und respektiert wird – ohne Hokuspokus zu veranstalten. In diesem – besten – Falle

151

werden die Mitarbeiter intellektuell gefordert, individuell gefördert, inspiriert und motiviert. Das bedeutet: Durch ihr Charisma transformiert – also verändert – sie die Mitarbeiter und holt das Beste aus ihnen heraus.

Grenzen der agilen Projektführung

Bei aller Offenheit, die wir mit dem Einzug der Digital Natives in die Unternehmen beobachten: In Organisationen setzt sich nicht automatisch der durch, der sich selbst am besten im Griff hat. Und es setzt sich auch nicht automatisch das bessere Argument durch.

Machtverhältnisse bleiben bestehen

Oft sind es immer noch mikropolitische Interessen, der Zugang zu Geld, zu den „Alphatieren" des Unternehmens, zu wichtigen Entscheidern im Hintergrund, zu fähigen festen oder freien Mitarbeitern, die den Gang von Projekten bestimmen.

Durch den neuen, offeneren Umgang mit Informationen kann sich hier eine größere Demokratisierung und im Idealfall auch ein vernünftigerer Umgang mit Ressourcen durchsetzen – muss aber nicht.

Managen bis zur Erschöpfung?

Die Idee, dass Führung umso besser gelingt, je besser sich eine Führungskraft selbst führen kann, klingt zunächst faszinierend. Genau diese Idee ist aber auch sehr kritisch zu sehen. Denn sie kann zu der Fehlannahme führen, dass ein persönliches Scheitern in den gegebenen, äußerst komplexen Strukturen eben nicht an diesen Strukturen liegt, sondern an mangelnden Fähigkeiten der Selbststeuerung.

Der Soziologe Ulrich Bröckling sieht genau in diesem Fehlschluss einen Grund für den rasanten Anstieg von Symptomen wie Burn-out. In seinem sehr lesenswerten Buch *Das unternehmerische Selbst* schreibt er: „Das Regime des unternehmerischen Selbst produziert (...) mit dem Typus des smarten Selbstoptimierers zugleich sein Gegenüber: das unzulängliche Individuum."[112] Dieses scheitert regelmäßig daran, genug Aktivität, Begeisterung, intrinsische

Motivation aufzubringen, und bricht irgendwann unter der „Tyrannei der Selbstverantwortung"[113] zusammen.

Wir müssen also aufpassen, dass der technokratische Impetus, der aus dem Projektmanagement gerade verschwindet, in unseren Selbstoptimierungsversuchen nicht eine fröhliche Wiederkehr erlebt. Wir können die chaotischen Rahmenbedingungen der Wirtschaft, in denen wir heute angekommen sind, eben nicht in die Knie zwingen, indem wir unsere eigene Performance mit immer mehr Apps messen und zu optimieren versuchen.

„Burn-out ist die Krankheit des entfesselten unternehmerischen Selbst, dem ständig eine Zielvereinbarung mit sich selbst im Nacken sitzt."

Christoph Bartmann, „Leben im Büro:
Die schöne neue Welt der Angestellten"[114]

Was heißt das nun für das Projektmanagement der Zukunft?

Im Projektmanagement sehen wir also eine doppelte Tendenz: Auf der einen Seite erfolgt eine Demokratisierung der Führung, die sich zeigt durch eine Ersetzung unterwerfender Führungsansätze durch eine eher dialogische Führung. Auf der anderen Seite sehen wir eine Tendenz zur Disziplinierung – also die Idee der Führung durch Selbstführung und die Idee der Führung durch gemeinsame Konzentration auf Ziele.

Charisma und Kompetenz: Führung durch Bestechung, Strafe, Machtworte und der politische Umgang mit Informationen werden zunehmend ersetzt durch eine Führung via Charisma und überzeugende Kompetenz. Projektmitarbeiter folgen im Idealfall nicht mehr unfreiwillig durch den ausgeübten Druck, sondern freiwillig durch einen wirkungsvollen Sog.

Dialog und Reflexion: An die Stelle der Anordnung treten gemeinsamer Dialog und Reflexion. So wird eine Entwicklung möglich, die tendenziell zukunftsoffen ist und damit mehr Potenziale bietet als eine vorgesteuerte Entwicklung.

Ziele: Projektmanagement ist heute nicht mehr möglich, wenn eine Führungskraft versucht, den Weg zu einem Ziel detailliert vorzugeben.

Deshalb gilt das *Management by Objectives* heute als besonders zielführend.

Selbstführung: Da sich die komplexen Rahmenbedingungen eines Projekts kaum steuern lassen und Projektmitglieder ebenfalls weitgehend in die Selbstorganisation entlassen worden sind, bleibt Führungskräften wenig mehr übrig, als sich selbst zu führen. Einerseits ist dies eine sinnvolle Überlegung, weil die Fähigkeit zur Selbstführung ein wichtiges Merkmal einer reifen und damit führungsfähigen Persönlichkeit darstellt. Andererseits kann die Überbetonung der Selbstführung im Sinne eine Selbst-optimierung aber auch zur Überforderung führen.

So: Sie haben unsere gemeinsame Tour de force durch Höhen und Untiefen der neuen Welt der Digital Natives und des sich rasant wandelnden Projektmanagments überstanden. Ich hoffe, es ist Ihnen nicht schwindelig geworden?

Lassen Sie uns im abschließenden Kapitel noch einmal zusammenfassen, was wir auf unserem Streifzug entdeckt haben. Und einen Blick in die Zukunft wagen!

Kapitel 7

Wie wir in Zukunft Projekte steuern werden

Klar: Es gibt nicht die richtige Führung an sich. Jedes Projekt ist anders. Jedes Unternehmen ist anders. Jeder Mitarbeiter ist anders. Jeder Kunde ist anders. So muss auch Führung immer zum Projekt passen und nicht zum Lehrbuch.

Klar ist auch: Die Rahmenbedingungen haben sich so verändert, dass wir am Ende eines Projektmanagements angekommen sind, das Kosten, Qualitäten, Zeit, Orte, Kunden- und Teamstrukturen für Konstanten gehalten hat.

Alles ist in Bewegung geraten: Die Märkte, die Anforderungen der Kunden und damit die Ziele der Projekte, wiederum damit die Kosten, Qualitäten, Termine, der Umgang mit Zeiten und Orten. Teams ändern sich schneller und organisieren sich selbst. Das Projektmanagement muss sich darauf einstellen. Wir müssen Projektmanagement komplett neu denken und leben.

Folgende Faktoren sind dabei zentral:

Zeit: Momentum und Beschleunigung. Im Projektmanagement ist nicht mehr derjenige erfolgreich, der einen gesetzten Zeitplan durchzieht, sondern der in der Lage ist, dann spontan und schnell zu handeln, wenn es darauf ankommt. Im Vorfeld bleiben diese entscheidenden Momente prinzipiell unbekannt.

Ort: Multiplizierung und Virtualisierung. Das Projektmanagement ändert sich grundlegend, weil der Umgang mit Arbeitsorten erstens multipel und zweitens zunehmend virtuell wird. Der geschickte Einsatz inspirierender Arbeitsorte wird zu einem eigenen Erfolgsfaktor.

Team: Emotionalisierung und Flexibilisierung. Kollegen werden zu Freunden, die Mitgliedschaft in einem Team wird für immer mehr Player zu einem Gastspiel. Projektmanager müssen daher immer größere Fähigkeiten entwickeln, emotional und flexibel zu kommunzieren – und ein Team damit in Kurzzeit zu Höchstleistern zu entwickeln.

Führung: Demokratisierung und Selbstdisziplinierung. Projektmanager stehen einerseits vor der Aufgabe, ihr Team in immer mehr Entscheidungsprozesse einzubeziehen und Prozesse der Selbstorganisation zu ermöglichen. Andererseits müssen sie eine so starke Persönlichkeit entwickeln, dass Teammitglieder ihnen freiwillig folgen möchten. Methoden der Selbstführung können dabei hilfreich sein, sind aber kein Allheilmittel und können – falsch eingeschätzt und übertrieben eingesetzt – sogar zu einer Selbstüberforderung führen.

Ganz ohne Planung geht es nicht

Heute mag es den Anschein haben, dass Planung in Projekten keinen Sinn mehr macht und wir am besten gleich darauf verzichten sollen. Das möchte ich explizit verneinen. Ohne Planung, ohne Ziele rennen wir wild drauf los, ohne uns darüber Gedanken zu machen, wohin wir genau wollen und welche Möglichkeiten uns bei der Umsetzung dienlich sein könnten.

Dazu ein ganz einfaches Beispiel: Wir entscheiden uns, nach Italien zu fahren. Die ungefähre Richtung ist ja bekannt: Gen Süden! Also rennen wir los. Je nach Naturell passiert dann Folgendes: Entweder werden wir gleich nach der Grenze in Tarvis gemütlich Espresso trinken und das Gefühl genießen, angekommen zu sein. Oder wir fahren blind weiter, geraten bei Neapel in eine verzwickte Abzweigung, folgen einer sehr gefährlichen Strecke, auf der wir so allerlei erleben, das wir gerne hätten vermeiden wollen, stellen fest, dass wir in die falsche Richtung unterwegs sind, müssen die unangenehme Strecke zurückfahren, um endlich wieder die Fahrt in Richtung Süden aufzunehmen.

Wenn wir zuerst planen, werden wir anfangs besprechen, wohin genau wir fahren wollen. Nach Calabrien zum Beispiel, genauer, nach Tropea. Dann bietet es sich an, ein entsprechendes Auto zu nehmen, eine Unterkunft zu buchen und sich die Streckenführung vorher genau anzuschauen. Mit einer solchen Planung sparen wir uns viel Zeit, Kosten und Ärger. Übertragen auf das Projektmanagement heißt das: Natürlich sollten wir so gut planen wie eben möglich. Nur müssen wir uns schon bei der Planung darauf einstellen, dass vieles anders kommt als gedacht.

Projektmanagement ist heute permanentes Change-Management. Kluge Unternehmen stellen deshalb dem Projektleiter einen zusätzlichen Änderungsmanager (oder einen Kostencontroller) zur Seite, der die Änderungen täglich dokumentiert: Wer hat welche Änderungen verursacht? Und warum? Das ist am Ende wichtig, um die gemeinsam bewältigte Strecke nachvollziehen, die entstandenen Kosten zuordnen und bestmöglich aus den gesammelten Erfahrungen lernen zu können.

Führung muss sein - aber anders

Grundsätzlich bin ich überzeugt, dass sich Projekte nicht mehr so führen lassen wie noch vor zehn oder zwanzig Jahren. Ich bin aber auch überzeugt, dass wir heute noch Führungskräfte brauchen. Wenn es nicht weitergeht, haben sie Entscheidungen zu treffen, hinter diesen zu stehen und sind dafür auch zur Rechenschaft zu ziehen. Ob eine Entscheidung richtig oder falsch ist, zeigt sich sowieso erst im Nachhinein. Keine Entscheidung bedeutet oft Stillstand und damit den Verlust von möglichen Vorteilen.

Eine Führungskraft muss einem Projektteam den Rücken freihalten. Wenn Druck vom Kunden kommt oder vom Top-Management (das es trotz aller Rede von der neuen Freiheit von Hierarchien faktisch ja noch fast überall gibt), müssen Projektleiter ihr Team abschirmen. Die Führungskraft muss die Arbeitsfähigkeit des Teams aufrechterhalten und den Weg zu Bestleistungen frei machen. Sie ist es auch, die als wichtiger Botschafter des Projekts nach innen und nach außen auftritt und damit Leistungen erst sichtbar macht.

Nach neuen Bildern der Führung suchen

Projektmanager brauchen neue Ansätze der Führung, die ihnen Agilität erlauben, aber zugleich auch Gelassenheit und Sicherheit bieten. Ich bin überzeugt, dass Digital Natives eine andere Art der Führung leben, weil sie anders groß geworden sind als die Generation der Baby Boomer und sogar anders als die Generation X.

Sie kennen das Bild des einsamen Kapitäns im Sturm nicht, auf dessen breiten Schultern die alleinige Verantwortung ruht. Sie spielen viel selbstverständlicher als Teil eines Höchstleistungsteams, teilen selbstverständlich Informationen, hören selbstverständlich die Meinungen und Anregungen jedes Teammitglieds.

Dennoch denke ich, dass diese junge Generation, genau wie die älteren Führungskräfte, an zwei Punkten arbeiten kann.

Hellwach im Moment: Entscheidend ist die Fähigkeit, im Moment vollkommen präsent zu sein. Das Prinzip kenne ich aus der Führung von Projekten genau wie aus dem Profi-Ballsport, und das gleiche Prinzip gilt auch in der Jazz-Formation, beim Tanz und auf der Theaterbühne.

Nur wer hellwach ist, reagiert im entscheidenden Moment mit dem richtigen Impuls. Er sieht – im übertragenen Sinne – den Ball kommen und ahnt, welchen Weg dieser nehmen wird. Wer hellwach agiert, wird von Veränderungen zwar überrascht, kann aber sofort reagieren. (Umgekehrt: Wer nicht hellwach in der Realität agiert, sondern nur stur seinen Projektplan vor Augen hat, wird von Veränderungen überrumpelt und ist nicht so schnell handlungsfähig.)

Das wirklich Wichtige sehen: Entscheidend ist auch die Fähigkeit, sich immer wieder daran zu erinnern, was wirklich zählt im Leben. Dann erscheinen die ach so wichtigen Dinge plötzlich oberflächlich und sinnlos. Ich frage mich zum Beispiel oft: „Warum musste ich mich jetzt genau ärgern?" Oder: „Womit halte ich mich eigentlich gerade auf?" Oder: „Wem schenke ich meine Zeit?" Oder: „Ist diese Investition jetzt wirklich notwendig gewesen?"

Im Projektmanagement kommt es darauf an, immer wieder das Wichtige vom Unwichtigen zu unterscheiden. Vor allem heute, wo die Performance der eigenen und der Team-Leistung im immer hektischer rotierenden Projekte-Zirkus einen zunehmend großen Stellenwert einnimmt. Wenn wir genau hinschauen, erkennen wir schnell: Auch in Höchstleistungsteams wird oft viel dramatisches Theater um wenig Wesentliches veranstaltet.

Mein Lebensmotto und mein Motto für erfolgreiches Projektmanagement heißt deshalb: *„Nur, wenn es leicht geht!"*

Erfolgreich läuft ein Projekt nicht dann, wenn wir selbst und alle Teammitglieder so hart arbeiten, dass wir alle aus dem letzten Loch pfeifen, sondern dann, wenn das Team schnell Hand in Hand arbeitet. Wenn die Ideen sprudeln, alle bei bester Laune sind und die Arbeit leicht von der Hand geht. Natürlich gibt es Tage, an denen man gemeinsam ranklotzt – das steht außer Frage. Aber das sollte die Gesamtstimmung nicht beeinträchtigen.

Wenn es leicht geht, fliegen einem die Dinge zu. Das heißt: Einen Projektauftrag, den man nicht bekommt, darf man nicht mit aller Gewalt erzwingen – ein besserer Auftrag wird sicher kommen. Wenn ein Mitarbeiter sich entscheidet zu gehen, dann soll es so sein. So entsteht Platz für einen neuen. Ein Ziel, das sich ändert, darf man nicht mit aller Kraft festhalten. Besser ist es, das neue Ziel willkommen zu heißen. Es öffnet neue Perspektiven für alle.

Nehmen wir die Dinge doch etwas leichter und gelassener. Zum richtigen Zeitpunkt arbeiten wir dann hart, um die Ziele zu erreichen. Und wenn das Ziel erreicht wurde, dann dürfen wir innehalten und den Erfolg genießen. Am besten im Team, denn jeder hat genau den Teil zum Erfolg beigetragen, der notwendig war.

Wenn wir das Wesentliche in den Blick nehmen, wenn wir uns mehr auf das konzentrieren, was uns ausmacht, wenn wir mit Freude bei der Sache sind und Herausforderungen gemeinsam bewältigen, dann spüren wir, dass wir wirklich leben. Und dann stellt sich auch der Erfolg von alleine ein – auch wenn er heute oft anders aussieht, als wir zu Beginn gedacht haben.

TESTEN SIE SICH SELBST!

Digital-Native-Stil oder Digital-Immigrant-Stil:

Wie managen Sie Projekte?

Tragen Sie in jeder Zeile ein, wie Sie in Projekten handeln. Trifft für Sie die Aussage auf der linken Seite relativ gut zu, dann kreuzen Sie dort die 1 an. Sind Sie von der Aussage sehr überzeugt, dann kreuzen Sie die 2 an.

Fühlen Sie sich eher von der Aussage auf der rechten Seite angesprochen, dann kreuzen Sie dort die 1 an, finden Sie hier sogar die Aussage, die auf Sie sehr gut zutrifft, dann wählen Sie die 2.

Können Sie sich nicht zwischen der rechten oder linken Aussage entscheiden, oder handeln Sie situativ einmal mehr wie ein Digital Native und ein anderes Mal mehr wie eine Führungskraft „alter Schule" (Digital Immigrant), dann wählen Sie die 0.

Insgesamt erhalten Sie so Ihr eigenes Projektmanagement-Profil. Besonders interessant wird dieses, wenn Sie das Profil Ihrer Mitarbeiter mit einer anderen Farbe über Ihr eigenes legen. Erkennen Sie typische Konflikte wieder?

Außerdem haben Sie die Möglichkeit, über Ihr selbst eingeschätztes Profil noch eine Fremdeinschätzung zu legen. Fragen Sie dazu einen Kollegen oder einen Mitarbeiter, zu dem Sie einen guten Draht haben. Auch durch Abweichungen zwischen Selbstbild und Fremdbild können Sie typische Konflikte erkennen.

Wichtig: Es ist nicht so, dass der Digital-Native-Stil in jedem Fall der „richtige" oder der Digital-Immigrant-Stil immer der „altmodische" und daher „falsche" Führungsstil ist. Wie immer im Leben, kommt es auch im Projektmanagement jeweils auf den Einzelfall an.

Digital-Immigrant-Stil	2	1	0	1	2	Digital-Native-Stil
Ich überlege genau, wem ich wann welche Information gebe.						Ich stelle alle Informationen sofort ins Netz.
Wenn ich etwas zu besprechen habe, lasse ich über meine Sekretärin einen persönlichen Termin vereinbaren.						Gibt es etwas zu bereden, dann schicke ich eine SMS, um einen Telefontermin oder einen Skype-Termin zu vereinbaren.
Ich setze erst etwas um, wenn es zuvor detailliert durchgeplant wurde.						Manchmal probiere ich etwas aus, für das es noch keinen Plan gibt. So komme ich schneller voran, als wenn ich erst stundenlang plane.
Ich sehe mich als Kapitän auf der Brücke. Ich muss das Schiff auch durch schwere See steuern können. Und ich gehe als Letzter von der Brücke.						Ich sehe mich als Profi-Ballspieler. Ich bin Teil des Teams und spiele den Ball im besten Fall dem richtigen Mitarbeiter im richtigen Moment zu.
Ich arbeite immer in meinem Büro und Meetings halte ich immer im Konferenzraum ab. An anderen Orten kann ich mich nicht konzentrieren.						Ich arbeite gerne mal im Büro, brauche aber auch immer wieder Abwechslung, um kreativ bleiben zu können. Deshalb sitze ich mit meinem Laptop auch oft im Café oder am Fluss.
Vor 7 Uhr morgens und nach 20 Uhr abends arbeite ich nicht.						Ich arbeite immer, wenn mir etwas Gutes einfällt. Das kann auch um 4 Uhr morgens sein. Dafür nehme ich mir dann tagsüber frei.
Diese Social-Media-Plattformen sind mit sehr suspekt. Der Datenschutz wird damit quasi ausgehebelt.						Ich bin auf Plattformen wie Facebook pausenlos präsent. Ich kann mir ein Leben ohne Social Media überhaupt nicht mehr vorstellen.
Ich erwarte, dass mir das Unternehmen Telekommunikationsgeräte in guter Qualität bereitstellt.						Ich benutze lieber mein eigenes Smartphone und mein eigenes Netbook. Da weiß ich wenigstens, dass die Geräte für mich optimal eingerichtet sind.

161

Digital-Immigrant-Stil	2	1	0	1	2	Digital-Native-Stil
Ich strebe eine ausgeglichene Work-Life-Balance an.						Ich sehe Leben und Arbeit nicht als Gegensatzpaar. Während ich arbeite, sehe ich meine Freunde. Und wenn ich nicht arbeite, kommen mir Ideen für meinen Job.
Einmal gesetzte Projekt-Zeitpläne müssen eingehalten werden. Egal, was kommt.						Wenn es sich während des Projekts abzeichnet, dass kreative Prozesse mehr Zeit in Anspruch nehmen oder schneller laufen als geplant, dann werden die Zeitpläne eben angepasst.
Ich selbst folge einer ganz bestimmten Zeitmanagement-Methode, die ich mir vor Jahren angeeignet habe.						Ich arbeite heute mit einem Stundenplan, morgen mit einem Küchenwecker und übermorgen ganz ohne Plan. Wie es halt passt.
Wenn in meinem Kalender steht: 10 Uhr Anruf bei XY, dann mache ich das auch genau so.						Habe ich den Eindruck, der richtige Moment für eine Aktion entspricht nicht dem zuvor gesetzten Zeitplan, dann weiche ich vom Plan ab.
Von jedem Meeting lasse ich Protokolle schreiben. Diese kontrolliere ich akribisch, bevor sie verschickt werden. Protokolle sind als politisches Instrument nicht zu unterschätzen!						Protokolle in Meetings schreiben sich quasi selbst, weil wir die erarbeiteten Daten sofort an alle Teilnehmer verschicken.
Habe ich einen Prozess einmal festgelegt, dann müssen sich alle daran halten.						Der vereinbarte Prozess muss den Menschen im Projekt dienen – und nicht umgekehrt.
Ich will über jeden Schritt eine umfassende Dokumentation sehen.						Der Kunde zahlt nicht für die umfassende Dokumentation unseres Weges, sondern für das Ergebnis. Wofür brauchen wir also die Dokumentation?
Wenn der Kunde etwas bestellt, dann bekommt er es auch.						Ich bleibe mit dem Kunden permanent im Gespräch, um herauszufinden, ob sich seine Vorstellungen und Anforderungen im Laufe der Entwicklung verändern.

Digital-Immigrant-Stil	2	1	0	1	2	Digital-Native-Stil
Ich rede so wenig wie möglich mit meinen Mitarbeitern, weil mir diese Gespräche nur Zeit stehlen. Nicht geschimpft ist genug gelobt.						Ich stehe in ständigem Kontakt mit meinen Mitarbeitern und biete so viel Raum wie möglich für Feedback und gemeinsame Reflexion. Dass schafft Nähe, Motivation und sogar Freundschaft.
Diese neuen, bunten Büros sehen ja aus wie Kinderspielplätze. Wie soll man denn in einem solchen Setting zu professionellen Ergebnissen kommen?						Wenn mein Büro mir viele unterschiedliche Räume bietet, um kreativ zu werden, ist das für mein Team und mich ideal.
In meinem Büro brauche ich vor allem einen großen Schreibtisch und einen repräsentativen Schreibtisch-Sessel.						Beim Arbeiten sitze ich am liebsten an einem Caféhaus-Tisch. Ein Sofa tut's aber auch.
Zu Hause habe ich auch ein Büro, das nutze ich zur Verwaltung meiner privaten Angelegenheiten.						Wenn es sich anbietet, arbeite ich auch mal zu Hause in meiner Küche. Ein Home-Office muss ja nicht unbedingt wie ein Office aussehen.
Natürlich lege ich Wert darauf, dass ich meine Arbeitszeit im Büro verbringe und dass meine Anwesenheit dort auch gesehen wird.						Wo ich arbeite, ist doch völlig egal. Meine Kollegen sehen ja auf den Social-Media-Plattformen, ob ich gerade arbeite oder nicht.
Regelmäßig rufe ich mein Team zusammen, um über den aktuellen Stand eines Projekts informiert zu werden.						Ich stehe in ständigem Austausch mit dem Projektteam. Wir setzen uns sofort spontan zusammen, wenn es etwas zu bereden gibt.
Ich ärgere mich immer maßlos, wenn meine Mitarbeiter in der Kaffee-Ecke herumhängen statt zu arbeiten.						Kreative Prozesse finden nie geplant und einsam am Schreibtisch statt. Die besten Ideen kommen, wenn wir uns zufällig an der Kaffeemaschine treffen.
Wenn ich im Unternehmen keinen eigenen Schreibtisch hätte, wüsste ich gar nicht, wo ich morgens als Erstes hingehen müsste.						Ich brauche nicht unbedingt einen eigenen Schreibtisch. WLAN reicht mir aus. Irgendwo ist immer ein Plätzchen frei.

Digital-Immigrant-Stil	2	1	0	1	2	Digital-Native-Stil
Ich fühle mich meinem Arbeitgeber sehr stark verpflichtet. Schließlich arbeite ich schon sehr lange hier.						Ich arbeite gerne für meinen Arbeitgeber. Aber wenn sich irgendwo eine bessere Chance bietet, würde ich auch wechseln.
Wenn Position und Gehalt stimmen, komme ich in jedem Unternehmen zurecht.						Nette Kollegen sind mir noch wichtiger als das, was auf meiner Visitenkarte steht und was auf mein Konto eingezahlt wird.
Meine Wertvorstellungen müssen ungefähr mit denen des Unternehmens übereinstimmen. Ich mache aber keine Religion daraus.						Ich würde niemals für ein Unternehmen arbeiten, dessen Wertvorstellungen ich nicht teilen kann.
Der inflationäre Gebrauch des Wörtchens „Du" im Unternehmen fällt mir auf die Nerven.						Ich duze meine Kollegen ganz selbstverständlich. Es käme mir komisch vor, „Sie" zu sagen. In welchem Jahrhundert leben wir denn?
Ich kann mir nicht vorstellen, als Freiberufler in einer „Cloud" zu arbeiten. Die „Cloud" ist für mich so merkwürdig wie Wolkenkuckucksheim.						Ob fest angestellt oder Freiberufler in einer Cloud – das ist doch heute nicht mehr wichtig. Hauptsache, man hat genug zu tun, um gut leben zu können.
Natürlich führe ich mit positiven, aber auch mit negativen Anreizen. Wie sonst sollte ich meine Mitarbeiter auf Linie bringen?						Meine Mitarbeiter und ich ziehen an einem Strang, weil wir unser Projekt gut finden und weil wir uns mögen. Belohnung und Strafe demotivieren doch nur.
Selbstführung bedeutet für mich das Leben preußischer Tugenden.						Selbstführung bedeutet für mich eine gute Psychohygiene, viel Bewegung, Zeit für die Familie zu haben und in Balance zu leben.
Ein Projekt braucht eine klare Führung, sonst läuft es aus dem Ruder.						Wie ein Projekt geführt werden muss, kommt immer auf das Projekt an. Manche Teams brauchen gar keine Leitung, weil sie sich besser komplett selbst organisieren.
„Führen mit Zielen" ist für mich eine Methode, die sich bewährt, wenn ich keinen permanenten Zugriff auf meine Mitarbeiter habe.						Wie soll ich mit Zielen führen, wenn sich die Ziele dauernd ändern? Lieber führe ich über permanenten Dialog, um alle Punkte permanent nachjustieren zu können.

Digital-Immigrant-Stil	2	1	0	1	2	Digital-Native-Stil
Ich höre erst dann auf zu arbeiten, wenn ich erschöpft bin.						Ich höre dann auf zu arbeiten, wenn ich keine Lust mehr habe.
Ist im Unternehmen viel zu tun, muss meine Familie zurückstecken. Das tut mir dann leid, aber es ist nicht zu ändern.						Ich bin nicht bereit, meine Familienzeit dem Unternehmen zu schenken. So wichtig kann keine Firma sein.

● ●

Epilog

Das Thema Projektmanagement begleitet mich, seit ich in jungen Jahren in die Wirtschaft eingestiegen bin. Als Projektmanager nun über das Ende der Disziplin zu schreiben, der ich viel zu verdanken habe, ist eigenartig. Und doch hat meine Erfahrung gezeigt, dass nur wenn etwas zu Ende geht, Neues geschaffen werden kann. Zumeist Besseres.

Seit einigen Jahren hat sich abgezeichnet, dass mehr und mehr Aufgaben projektförmiger oder projektähnlicher werden. Es gibt also mehr Projekte als je zuvor – zugleich aber ist das herkömmliche Projektmanagement mit dem Einzug digitaler Techniken und spätestens mit dem Einzug der Digital Natives in die Unternehmen an seine Grenzen gestoßen. Am *Ende* ist es meiner Meinung nach für diejenigen, die noch in den alten Strukturen aufgewachsen sind und Abläufe gelernt haben, die heute schneller, besser und vor allem anders funktionieren.

Der Titel könnte also auch heißen: „Das Ende des *bekannten* Projektmanagements". Es war mir wichtig, nicht einfach noch eine neue Methode des Projektmanagements zu entwickeln. Davon gibt es schon mehr als genug. Mein Ziel bestand vielmehr darin, aus einem neuen Blickwinkel auf das Thema Projektmanagement zu schauen. Wie wir wissen, ist es leichter, etwas Neues zu lernen als Gewohntes zu ändern. Darum gehen wir lieber gleich neue Wege und vergessen am besten viel von dem, was wir bisher in gewohnter Manier getan haben.

Viele der derzeitigen Umwälzungen lösen Unbehagen aus. Es hat keinen Sinn, sich dagegen zu sperren – Sie können sie ohnehin nicht aufhalten. Je mehr es Ihnen gelingt, sich für Veränderungen zu öffnen, diese gemeinsam zu reflektieren und zu integrieren, je früher Sie sich auf neue Blickwinkel, Ansätze und Abläufe einlassen, desto mehr geben Sie Ihrem eigenen Erfolg eine Chance.

Ich wünsche Ihnen einen guten Start in die neue Ära des Projektmanagements und viel Erfolg mit den jungen, zuweilen wirklich wilden Digital Natives in Ihrem Unternehmen.

Sie wissen ja: Veränderung erfolg(t)!

Herzlichst,

Ihr Ronald Hanisch

Herzlichen Dank

Das Buch entstand durch die Mithilfe vieler Menschen. Mein Dank gilt allen, die dieses Buch ermöglicht und ihren Teil dazu beigetragen haben. Es waren wesentlich mehr Personen in dieses Projekt involviert, als hier aufgezählt werden können. Die Beschreibungen der Personen spiegeln meinen persönlichen Eindruck und Respekt wider.

Markus Aeschimann, Director Corporate Project Management, Daniel Swarovski Corporation AG: Die zentrale Anlaufstelle für sämtliche Projekte des österreichischen Weltkonzerns befindet sich in Männedorf am Zürchersee. Im wunderschönen Ambiente behält Herr Aeschimann die Ruhe und Übersicht. Multi-Projektmanagement und Projekt-Portfolio-Management sind das tägliche Handwerkszeug des sympathischen Schweizers.

Dipl. Ing. Franz Bauer, Vorstandsdirektor, ÖBB Infrastruktur AG: Der erfahrene Projektleiter vereint zwei Wesen in sich: Er ist Technik-Spezialist und Top-Manager und nutzt dies, um komplexe Großprojekte erfolgreich zu steuern. Er versteht es, der ÖBB neuen Schwung und ein junges Erscheinungsbild zu verleihen, indem er das Potenzial der jungen Generation für die alte Generation zu nutzen versteht. So bringt er neue Impulse und Methoden ins Unternehmen, die er für zukünftige Projekte nutzen kann.

Josef Bayer, CEO, Josef Bayer Kartonagen: Das Familienunternehmen in Vorarlberg wird nun in dritter Generation von Herrn Bayer geführt. Als charismatische Führungskraft führt er ein erfolgreiches Unternehmen in der schwierigen Kartonagen-Branche. Mit Sympathie schafft er ein ehrliches Arbeitsumfeld, in dem Lieferanten und Kunden fair begegnet wird. Als Teil des Teams versteht er es, seine Mitarbeiter zu motivieren, sodass alle an einem Strang ziehen.

Mag. Anne Jacoby, Journalistin: Als Wortakrobatin und Textjongleurin bringt sie Geschichten in eine neue Dimension. Erst durch ihren Stil und ihre fundierten Recherchen wird Wissen verständlich. Mit feiner Klinge und scharfem Verstand erfasst Anne Jacoby die Vorhaben und liefert exzellente Ergebnisse. Kunden schätzen ihr Gespür für Themen und ihren ausgezeichneten Ruf in der Verlagsbranche.

Iris Hauck-Rameis, zSPM, bwin.party services (Austria) GmbH: ist ein weiblicher Digital Native und seit einigen Jahren sehr erfolgreich und profes-

169

sionelle IT-Projektleiterin für die bwin.party services (Austria) GmbH. Sie ist eine typische Powerfrau der neuen Generation, die alle modernen Kommunikationsmittel als Selbstverständlichkeit betrachtet, um komplexe IT-Projekte im internationalen Projekt-Kontext erfolgreich zu leiten.

Martina Keuschnig, BA, Organisationstalent: Die „Direktorin des ersten Eindrucks" beeindruckt mit ihrer Herzlichkeit und ihrem stets sonnigen Gemüt. Sie weiß ihren Charme auch in komplexen Situationen zu nutzen, wenn sie mit konkreten Lösungsvorschlägen überzeugt. Frau Keuschnig verfügt über ein beeindruckendes Netzwerk und hat mit ihren persönlichen Kontakten unterstützend dazu beigetragen, dass so viele Entscheider für das Buch ins Gespräch kamen.

Dipl. Ing. Bikash Dhar, Mixed Signal Design Lantiq Austria GmbH: Herr Bikash Dhar ist ein junger High Professional, der es liebt, in Projektteams Höchstleistungen zu erreichen. Seine Vorliebe für Projektmanagement kann er in hoch innovativen Projekten der Fa. Lantiq begeistert umsetzen. Als Board Member der pma young crew setzt er sich engagiert für junge Projektmanager in ganz Österreich ein.

Dr. Christoph Leitl, Präsident der österreichischen Wirtschaftskammer: Der Unternehmer, Politiker und Familienmensch setzt sich stark für die österreichische Wirtschaft ein. Etliche Auszeichnungen prägen seine Karriere, unter anderem ist er auch Ehrenbürger von New York, Ehrensenator der WU Wien und Träger des Verdienstordens der Republik Italien. Herr Leitl sieht die WKO als Vorreiter und Vorbild bei der Nutzung der neuen technischen Möglichkeiten.

General Direktor KR Harald Mayer, Geschäftsführer Eduscho/Tchibo Österreich und Präsident des Tee- und Kaffeeverbands: Der junggebliebene Top-Manager versteht es, Begehrlichkeit global zu generieren und lokal zu verkaufen. Als starke Führungspersönlichkeit schätzt er die lokalen Bedürfnisse seiner Konsumenten und schafft es immer wieder, seine Kundschaft mit innovativen Produkten zu überraschen. Projektmanagement versteht er als professionelle und schnelle Lösung „to get things done". Er findet gerne Gründe, warum man Dinge umsetzt, anstatt ständig danach zu fragen, wieso man sie nicht umsetzt.

Christiane Noll, Geschäftsführerin Microsoft Enterprise Services: Die einzige Frau in der Geschäftsführung von Microsoft Österreich begann ihre

Laufbahn mit Projektmanagement. Ihre positive Ausstrahlung inspiriert und mit Professionalität koordiniert sie vorbildlich eine Masse von Mitarbeitern und Projekten. Charisma, innere Ruhe und Ausstrahlungskraft zeichnen Frau Noll aus. Die erfolgreiche Managerin ist aufgeschlossen für das Feuer der jungen, wilden Generation und bringt diese Energie und dieses Potenzial in ihrem Geschäftsbereich zur Entfaltung.

Robert Rogner, MBA, CEO Rogner International: Die Ausbildung in Toronto brachte ihm den Titel „Global Executive Master of Business Administration". Der Fan der „Zen-Meditation" steht unter anderem in direktem Kontakt zum Dalai Lama. Der Name „Robert Rogner" ist schon in der dritten Generation zu finden. Der Jüngste im Bunde ist in Österreich unter anderem bekannt für Spa & Wellness Erlebnis, z.B. in Bad Blumau. Der ausgezeichnete Netzwerker versteht es, die Menschen zu inspirieren, zu motivieren und vor allem zum Reflektieren zu begeistern.

Mag. Brigitte Schaden, Vorstandsvorsitzende von Projekt Management Austria (pma), Chairman of GAPPS und ehemals Chairman of IPMA: Frau Schaden setzt sich seit vielen Jahren erfolgreich für die Etablierung des eigenständigen Berufsbildes „Projektmanager" ein. Die moderne und jung gebliebene Frau Schaden schafft es mit ruhiger Ausstrahlung, ihre Botschaften anzubringen. Seit jeher ist sie in dieser Welt zu Hause und arbeitet erfolgreich in unzähligen Projekten. Ihre Erfahrungen ermöglichen auch den Digital Natives Einblicke in starke Führungskompetenzen und social skills.

Dipl. Ing. Ferdinand Sereinig, Site Manager Philips Consumer Lifestyle, Geschäftsführer Entwicklung und Produktion in Klagenfurt: Herr Sereinig ist schon vor vielen Jahren mit dem Thema Projektmanagement in Berührung gekommen und war einer der Ersten, der das Werkzeug am Philips-Standort in Österreich implementiert und aufgebaut hat. Als Top-Manager ist er für die strategischen Entscheidungen verantwortlich und setzt auf starke Projektteams. Diese werden im Rahmen von Zertifizierungen und Trainings in den neuesten Methoden des Projektmanagements geschult.

Dev Sharma, MBA, Vice President & Strategic Account Management Headquarter MCI Group: Der charismatische und sympathische Manager ist Vice President einer der größten Eventagenturen weltweit. HQ (Head-Quarter) steht für ihn als Synonym für „High Quality". Er inspiriert durch sein Auftreten und seine Visionen und zieht damit viele in seinen Bann. Er setzt seine Stärken als Führungskraft in direkten Gesprächen mit den Kollegen ein und lebt vor, was er erwartet.

Dipl. Ing. (FH) Johannes Soulos, IT-Projekt-Manager, AKH Wien: Johannes Soulos ist auch Chairman der pma Young Crew und als IT-Projektmanager des AKH Wien tätig. Als Young Professional und zertifizierter Projektleiter bringt er neue Energie und kreative Lösungsansätze in das Allgemeine Krankenhaus der Stadt Wien. Als Chairman der pma young crew setzt er sich engagiert für junge Projektmanager in ganz Österreich ein.

Hartmut Thomsen, Dipl. Kaufmann, Geschäftsführer SAP Deutschland AG & Co. KG: Als ehemalige Führungsperson von IBM Software Group Deutschland, Siemens Computer Systems und Oracle ist Harry Thomsen, wie der Autor üblicherweise genannt wird, seit April 2011 Managing Director von SAP Deutschland. Die Wachstumsraten im Softwaregeschäft bestätigen, dass SAP ohne Zweifel eine Ausnahmeerscheinung am internationalen Markt darstellt.

Franz Tonnerer, Geschäftsführer der MAGNA Presstec AG und ehemaliger Aufsichtsrat-Vorstand Cosma-MAGNA: Der langjährige Vorstand der Cosma-MAGNA Sparte fasziniert mit exzellenter Führungskompetenz, ruhiger Ausstrahlung und Charisma. Als Geschäftsführer des Weizer Standortes Presswerk motiviert er die Mitarbeiter zu Höchstleistungen. Mit seinen zahlreichen Erfahrungen im internationalen Projektgeschäft versteht er es besonders, die interkulturellen Eigenheiten im Projektgeschäft zu berücksichtigen.

Dipl. Ing. Dr. Alfred Veider, CEO Thales Austria GmbH., Vice President Thalesgroup: Die Thales-Gruppe gehört zu den Vorzeigeunternehmen der europäischen Wirtschaft und zu den innovativsten Unternehmen Österreichs. Als eines der wenigen Unternehmen schafft es der Hersteller von Sicherheits-Software, auch auf dem asiatischen Markt eine Vorreiterrolle zu spielen. Herr Veider versteht es, die „Blue-Ocean"-Strategie richtig umzusetzen. Seine Visionen, die weit in die nächsten Jahre vorausreichen, sorgen für den Erhalt dieser Vorreiterrolle am Weltmarkt.

Dipl. Ing. Gernot Winkler, GF der pmcc-Consulting GmbH.: Die gestandene Projektmanagement-Koryphäe versteht es, mit umfangreichem

Know-how und sehr pragmatischen Projektmanagement-Ansätzen Spitzen-ergebnisse auf den Punkt zu bringen. Er macht modernste Methoden und Ergebnisse für Unternehmen greifbar und trägt damit seinen Teil dazu bei, dass die pmcc-consulting als erfolgreichste Ausbildungsstätte zum Thema Projektmanagement in Österreich gilt. Als Autor hat er selbst zwei wunderbare Bücher zum Thema Projektmanagement und soziale Kompetenz auf den Markt gebracht.

Mag. Theresa Weiglhofer, Linde Verlag: Die Programm-Managerin und Lektorin beim Wiener Verlag behält stets den Überblick über die unzähligen Publikationen, die sie zu organisieren hat. Ihren Zugang zu den neuen Medien findet sie unter anderem durch E-Books. Die professionelle Abarbeitung unterstützt dabei, dass Bücher wie dieses in einer hohen Qualität auf dem Markt erscheinen können. Man merkt, dass Frau Weiglhofer Spaß an ihren Aufgaben hat.

Mag. Christoph Wurzer, Projekt- & Business Manager der Fa. Ronald Hanisch: Herr Wurzer ist als international zertifizierter Projektmanager und Vertreter der Digital Natives an der Quelle der technischen Möglichkeiten und Trends. Als ausgebildeter Informatiker sowie Kommunikations- und Projektmanagement-Profi war er maßgeblich an der Erstellung des Buches beteiligt. Beeindruckend sind sein Scharfsinn, seine Ziel- und Lösungsorientierung sowie die hohe Qualität der Ergebnisse.

Literatur

Aichinger, Heidi: Generation Y: Der große Irrtum. In: Der Standard, 25.3.2012

Bartmann, Christoph: Leben im Büro. Die schöne neue Welt der Angestellten. München: Hanser, 2012

Bauer, Joachim: Warum ich fühle, was du fühlst. Intuitive Kommunikation und das Geheimnis der Spiegelneurone. Hamburg 2006

Bittelmeyer, Andrea: Die Kunst der kleinen Kniffe. Zeitmanagementansatz Lifehacking. In: ManagerSeminare, Heft 184, München: Heyne, Juli 2013, Seiten 52–57

Bröckling, Ulrich: Das unternehmerische Selbst. Soziologie einer Subjektivierungsform. Frankfurt a. M.: Suhrkamp, 2007

Buchhorn, Eva; Werle, Klaus: GenerationY – Die Gewinner des Arbeitsmarkts. In: Spiegel online vom 7.6.2011

Budzier, Alexander; Flyvbjerg, Bent: Double Whammy – How ICT Projects are Fooled by Randomness and Screwed bis Political Intent. In: University of Oxford: BT Centre for Major Programme Management, Said Business School Working Papers, August 2011

Bund, Kerstin; Heuser, Uwe Jean; Kunze, Anne: Generation Y – Wollen die auch arbeiten? In: Die Zeit, 7.3.2013

Daubek, Konrad: Ein Büro für alle. In: Financial Times Deutschland vom 11.1.2012

Dettmer, Markus; Domen, Frank: Frei schwebend in der Wolke. In: Spiegel 6/2012 vom 6.2.2012

Deutsche Gesellschaft für Personalführung (DGFP): Megatrends und HR Trends. PraxisPapier 7/2011

Deutsche Gesellschaft für Personalführung (DGFP): Zwischen Anspruch und Wirklichkeit. Generation y finden, fördern und binden. Praxispapier 9/2011

Deutsche Gesellschaft für Projektmanagement GPM: Misserfolgsfaktoren in der Projektarbeit. Kurzfassung der Ergebnisse einer Studie der Fachgruppe „Neue Perspektiven in der Projektarbeit 2012 bis 2013"

Dornes, Martin: Die Modernisierung der Seele. In: Psyche – Z Psychoanal 64, 2010, Seite 995–1033

Dornes, Martin: Die Modernsieriung der Seele. Kind – Familie – Gesellschaft. Frankfurt am Main: Fischer, 2012

Egon Zehnder International/Stiftung Neue Verantwortung: Digital Natives Challenge HR Leaders. Self-image and external perception oft the up-and-coming generation of young professionals. Düsseldorf, Frankfurt: Mai 2012

Eichhorst, Werner; Kendzia, Michael J.; Schneider, Hilmar: Neue Anforderungen durch den Wandel der Arbeitswelt. Kurzexpertise für die Enquete-Kommission „Wachstum, Wohlstand, Lebensqualität" des Deutschen Bundestags. IZA Research Report Nr. 51, Bonn, März 2013

Friebe, Holm; Lobo, Sascha: Wir nennen es Arbeit. Die digitale Bohème oder: Intelligentes Leben jenseits der Festanstellung, München: Heyne 2008

Gerlmaier, Anja: Psychische Belastungen, Stress und Burn-out bei Projektarbeit in der IT-Wirtschaft – Welche Rolle spielt die Mobilität? In: Brandt, Cornelia (Hg.): Mobile Arbeit – Gute Arbeit? Arbeitsqualität und Gestaltungsansätze bei mobiler Arbeit. Berlin, Juni 2010, Seite 81–94

Gillies, Constantin: Die tatsächlich Anderen. Generation Y. In: ManagerSeminare, Heft 173, August 2012, Seite 62–67

Gloger, Axel: Das Ende des Vorgesetzten. Führung 2020. In: ManagerSeminare, Heft 183, Juni 2013, Seiten 24–30

Gloger, Boris: Scrum. Produkte zuverlässig und schnell entwickeln. 3. Auflage. Hanser Verlag, München 2011

Gössler, Martin: Projektmanagement – Mythen und Möglichkeiten. In: OrganisationsEntwicklung 2/2004, Seiten 62–65

Grösser, Stefan: Projekte scheitern wegen dynamischer Komplexität. Qualitative Feedbackmodellierung zur Komplexitätsbewältigung. In: Projektmanagement 5/2011, Seiten 18–25

Heide, Dana: Bunter, flexibler = kreativer? In: Handelsblatt vom 16.7.2011

Hinz, Olaf; Poczynek, Jan: Wider die zunehmende Verdosung des Projektmanagements. Warum Projekte allein mit Tools und Methode oft übel laufen und Spitzenköche kein Dosenfleisch verwenden. In: OrganisationsEntwicklung, 1/2011, Seiten 72–76

Kimmel-Fichtner, Tatjana: Abends wird der Schreibtisch leer geräumt. In: Zeit online, 11.1.2011

Knoll: Im Haut- und Knochen-Stil. In: Der Spiegel 16/1960, Seiten 64–75

Kötter, Wolfgang; Longmuss, Jörg: Abschied vom „Alles ist möglich". In: OrganisationEntwicklung 2/2004, Seite 45–50

Koutropoulos, Apostolos: Digital Natives: Ten Years after. In: Merlot Journal of Online Lerning and Teaching, Vol 7, Nor. 4, December 2011, Seiten 525–538

KPMG: Jenseits der Babyboomer: Der Aufstieg der Generation Y. Chancen und Herausforderungen für die Investmentbranche. Übersetzung der Studie „Beyond the baby boomers: the rise of Generation Y" von Bernard Salt, KPMG Melbourne, 2007

Krusche, Bernhard; Groth, Torsten; Nagel, Reinhart; Schumacher, Thomas: „Houston, we have a problem…": Überlegungen zur Aerodynamik moderner Organisationen. In: Revue für postheroisches Management

Lanfranconi, Claudia; Meiners, Antonia. Kluge Geschäftsfrauen. München: Elisabeth Sandmann Verlag, 2010. Kapitel zur Bürodesignerin Florence Knoll auf den Seiten 72–77

Martens, Andree: Der innere Lotse. In: ManagerSeminare, Heft 185, August 2013

nck: Revolutionäres Arbeitsmodell: IBM schafft den Miet-Jobber. In: Spiegel online vom 5.2.2012

Neumann, Mario: Projekt Safari. Das Handbuch für souveränes Projektmanagement. Frankfurt am Main/New York: Campus Verlag, 2012

Parment, Anders: Sind Sie bereit, all die hässlichen Dinge zu tun? Interview mit Anders Parment. In: Spiegel online, 20.4.2011

Pawlowsky, Peter; Mistele, Peter; Geithner, Silke: Hochleistung unter Lebensgefahr. In: Harvard Businessmanager

Prensky, Marc: Digital Natives, Digital Immigrants. In: On the Horizon, MCB University Press, Vol. 9 No. 5, October 2001

Ritter, Anne: Kommando „Warum"?! Nachwuchsgeneration diktiert neue Werte. In: Karriere.de, 2.5.2013

Rose, Nico; Fellinger, Christoph: Wir wollens anders. Arbeitswelt Y. In: ManagerSeminare, Heft 183, Juni 2013, Seiten 18–23

Schäfer, Frank: Minimal Management. Von der Kunst, vernetzte Menschen zu führen. St.Gallen/Zürich: Midas, 2012

Selle, Gert: Geschichte des Design in Deutschland. Frankfurt/Main: Campus, 2007

Spath, Dieter (Hg.): Arbeitswelten 4.0. Wie wir morgen arbeiten und leben. Stuttgart: Fraunhofer Verlag, 2012

Sternberg, Esther M.: Heilende Räume. Die Wirkung äußerer Einflüsse auf das innere Wohlbefinden. Amerang: Crotona Verlag 2011

Terpitz, Katrin: Unverstandene Jungtalente. In: Handelsblatt vom 5.6.2012

Trendbüro, bso: New Work Order. Hamburg, Wiesbaden, 2012

Tumuscheit, Klaus: Überleben im Projekt. 10 Projektfallen und wie man sie umgeht. München: Redline, 2012

Weick, Karl E.; Sutcliffe, Kathleen M.: Das Unerwartete managen. Wie Unternehmen aus Extremsituationen lernen. Stuttgart: Klett-Cotta, 2007

Werle, Klaus: „Sind Sie bereit, all die hässlichen Dinge zu tun?" Interview mit Anders Parment. In: Spiegel.de vom 20.4.2011 (KarriereSpiegel) http://www.spiegel.de/karriere/berufsstart/junge-absolventen-sind-sie-bereitall-die-haesslichen-dinge-zu-tun-a-758049.html

Zucker, Betty: Die Generation X auf dem Marsch durch die Unternehmen. In: OrganisationsEntwicklung 4/2002, Seiten 38–43

Anmerkungen

1   Trendbüro, bso: New Work Order, Hamburg, Wiesbaden, 2012, S.41

2   Bröckling, Ulrich: Das unternehmerische Selbst. Soziologie einer Subjektivierungsform. Frankfurt a. M.: Suhrkamp, 2007. Seite 252

3   Bröckling, Ulrich, a.a.O., Seite 253

4   Bröckling, Ulrich, a.a.O., Seite 254

5   Kötter, Wolfgang; Longmuss, Jörg: Abschied vom „Alles ist möglich". In: OrganisationEntwicklung 2/2004, Seite 45–50, hier Seite 47f.

6   Gössler, Martin: Projektmanagement – Mythen und Möglichkeiten. In: OrganisationsEntwicklung 2/2004, Seiten 62–65, hier Seite 62

7   Grösser, Stefan: Projekte scheitern wegen dynamischer Komplexität. Qualitative Feedbackmodellierung zur Komplexitätsbewältigung. In: Projektmanagement 5/2011, Seiten 18–25, hier Seite 18

8   Gössler, Martin, a.a.O., S.62

9   Schäfer, Frank: Minimal Management. Von der Kunst, vernetzte Menschen zu führen. St. Gallen/Zürich: Midas, 2012. Seite 51

10   Tumuscheit, Klaus: Überleben im Projekt. 10 Projektfallen und wie man sie umgeht. München: Redline, 2012. Seite 37

11   Grösser, Stefan, a.a.O., S. 22

12   Vgl. Schäfer, Frank, a.a.O., S.84

13   Hinz, Olaf; Poczynek, Jan: Wider die zunehmende Verdosung des Projektmanagements. Warum Projekte allein mit Tools und Methode oft übel laufen und Spitzenköche kein Dosenfleisch verwenden. In: Organisations-Entwicklung, 1/2011, Seiten 72–76, hier Seite 73

14   Das haben Aaron J. Shenhar und Dov Dvir mit ihrem Buch *Reinventing Project Management: The Diamond Approach to Successful Growth and Innovation* gezeigt. http://www.pmaktuell.org/PMAktuell-201001/042-B%fccher-Haberstroh1-ISBN9781591398004

15   Zitiert nach http://users.ox.ac.uk/~mast2876/WP_2011_08_15.pdf

16   Tumuscheit, Klaus, a.a.O., S.73

17   Projektmanager kommunizieren zu wenig. Pressemitteilung vom 20.2.2013. Online unter http://www.cetacea-gmbh.de/index.php?id=news-details&tx_ttnews[tt_news]=66&tx_ttnews[backPid]=1&cHash=936a465b e544c25fb016a63c82a4c97f

18 http://www.cio.de/karriere/personalfuehrung/2894153/index.html
19 Bund, Kerstin; Heuser, Uwe Jean, Kunze, Anne: Generation Y – Wollen die auch arbeiten? In: Die Zeit, 7.3.2013, siehe auch Rose, Nico; Fellinger, Christoph: Wir wollens anders. Arbeitswelt Y. In: ManagerSeminare, Heft 183, Juni 2013, Seiten 18 bis 23; Gloger, Axel: Das Ende des Vorgesetzten. Führung 2020. In: ManagerSeminare, Heft 183, Juni 2013, Seiten 24 bis 30
20 http://www.pwc.de/de/pressemitteilungen/2013/millennials-veraendern-arbeitskultur-weltweit.jhtml
21 Zitiert nach New Work Order, a.a.O., Seite 13
22 http://www.pewresearch.org/2009/12/10/the-millennials/
23 http://www.pewresearch.org/2009/12/10/the-millennials/
24 Vgl. Bröckling, Ulrich, a.a.O., S. .259
25 KPMG: Jenseits der Babyboomer: Der Aufstieg der Generation Y. Chancen und Herausforderungen für die Investmentbranche. Übersetzung der Studie „Beyond the baby boomers: the rise of Generation Y" von Bernard Salt, KPMG Melbourne, 2007. Seite 12
26 Bröckling, Ulrich, a.a.O., S. 174
27 Prensky, Marc: Digital Natives, Digital Immigrants. In: On the Horizon, MCB University Press, Vol. 9 No. 5, October 2001
28 Bartmann, Christoph: Leben im Büro. Die schöne neue Welt der Angestellten. München: Hanser, 2012. Seite 286
29 Deutsche Gesellschaft für Personalführung (DGFP): Zwischen Anspruch und Wirklichkeit. Generation y finden, fördern und binden. Praxispapier 9/2011
30 Zucker, Betty: Die Generation X auf dem Marsch durch die Unternehmen. In: OrganisationsEntwicklung 4/2002, Seiten 38 bis 43, hier Seite 39
31 Vgl. dazu Dornes, Martin: Die Modernisierung der Seele. In: Psyche – Z Psychoanal 64, 2010, Seite 995–1033, hier Seite 1000. Und: Dornes, Martin: Die Modernisierung der Seele. Kind – Familie – Gesellschaft. Frankfurt am Main: Fischer, 2012.
32 Koutropoulos, Apostolos: Digital Natives: Ten Years after. In: Merlot Journal of Online Lerning and Teaching, Vol 7, Nor. 4, December 2011, Seiten 525–538, hier Seite 531

33 Koutropoulos, Apostolos, a.a.O., S. 526

34 Buchhorn, Eva; Werle, Klaus: Generation Y – Die Gewinner des Arbeitsmarkts. In: Spiegel online vom 7.6.2011, online unter www.spiegel.de

35 Buchhorn, Eva; Werle, Klaus: Generation Y – Die Gewinner des Arbeitsmarkts. In: Spiegel online vom 7.6.2011, online unter www.spiegel.de

36 Gillies, Constantin: Die tatsächlich Anderen. Generation Y. In: ManagerSeminare, Heft 173, August 2012, Seite 62–67, hier Seite 64

37 Egon Zehnder International/Stiftung Neue Verantwortung: Digital Natives Challenge HR Leaders. Self-image and external perception oft the up-and-coming generation of young professionals. Düsseldorf, Frankfurt: Mai 2012. Siehe auch: Terpitz, Katrin: Unverstandene Jungtalente. In: Handelsblatt vom 5.6.2012, online unter http://www.handelsblatt.com/unternehmen/buero-special/digital-natives-unverstandene-jungtalente/6695922.html

38 Adecco Staffing Mature Worker Survey; http://www.adeccousa.com/articles/Adecco-Staffing-Mature-Worker-Survey.html?id=204&url=/press-room/pressreleases/pages/forms/allitems.aspx&templateurl=/AboutUs/press-room/Pages/Press-release.aspx

39 Vgl. dazu Dornes, Martin: Die Modernisierung der Seele. In: Psyche – Z Psychoanal 64, 2010, Seite 995–1033. Und: Dornes, Martin: Die Modernisierung der Seele. Kind – Familie – Gesellschaft. Frankfurt am Main: Fischer, 2012. Dornes beschreibt den Erziehungswandel seit 1969, was, streng genommen, die Generationen X *und* Y betrifft. Ich gehe davon aus, dass sich die Auswirkungen der liberalisierten Erziehung bei der Generation Y noch stärker zeigen als bei ihren Vorgängern, da die „neuen" Erziehungsmethoden seit 1980 im Mainstream angekommen waren.

40 Dornes arbeitet noch eine vierte Variante aus, in der er diskutiert, ob die veränderten Erziehungspraktiken möglicherweise zwar einen psychischen Symptomwandel, aber keinen psychischen Strukturwandel ausgelöst haben. Diese Argumentation ist zwar sehr interessant, aber für unser Thema weniger erhellend.

41 Und: Dornes, Martin: Die Modernsierung der Seele. Kind – Familie – Gesellschaft, a.a.O., S.250

42 Dornes, Martin: Die Modernisierung der Seele. In: Psyche, a.a.O., S. 1012

Anmerkungen

43   Dworschak, Manfred, in: DGFP 9/2011, Seite 18

44   Vgl. Eichhorst, Werner; Kendzia, Michael J.; Schneider, Hilmar: Neue Anforderungen durch den Wandel der Arbeitswelt. Kurzexpertise für die Enquete-Kommission „Wachstum, Wohlstand, Lebensqualität" des Deutschen Bundestags. IZA Research Report Nr. 51, Bonn, März 2013, Seite 3

45   Vgl. Wolters, Benjamin: Bring your own Device at my Company. Online unter Fraunhofer-Institut für Intelligente Analyse- und Informationssysteme IAIS: http://www.iais.fraunhofer.de/bring_your_own_device.html

46   www.cio.de/karriere/personalfuehrung/2903250/index.html, http://www.pressebox.de/inaktiv/cisco-systems-gmbh-hallbergmoos/Cisco-Studie-ueber-die-Kommunikations-Gewohnheiten-der-Generation-Y-staendig-online/boxid/562450, Die Studie wurde von InsightExpress in 18 Ländern durchgeführt. Mehr Informationen zum 2012 Cisco Connected World Technology Report (CCWTR) gibt es unter http://www.cisco.com/en/US/netsol/ns1120/index.html

47   Vgl. Gillies, Constantin, a.a.O., Seite 64

48   Gerlmaier, Anja: Psychische Belastungen, Stress und Burnout bei Projektarbeit in der IT-Wirtschaft – Welche Rolle spielt die Mobilität? In: Brandt, Cornelia (Hg.): Mobile Arbeit – Gute Arbeit? Arbeitsqualität und Gestaltungsansätze bei mobiler Arbeit. Berlin, Juni 2010, Seite 81–94

49   Vgl. dazu die wertvollen Hinweise von Schäfer, Frank, a.a.O., Seite 82

50   http://www.karriere.de/karriere/nachwuchsgeneration-diktiert-neue-werte-165654, Originalstudie unter http://www.agenturohnenamen.de/fileadmin/templates/images/Downloads/Student_Survey_2013.pdf

51   Vgl. Gillies, Constantin, a.a.O., Seite 64

52   http://www.pressebox.de/inaktiv/cisco-systems-gmbh-hallbergmoos/Cisco-Studie-ueber-die-Kommunikations-Gewohnheiten-der-Generation-Y-staendig-online/boxid/562450

53   Bröckling, Ulrich: Das unternehmerische Selbst. Soziologie einer Subjektivierungsform. Frankfurt a. M.: Suhrkamp, 2007. Seite 262

54   http://www.cio.de/karriere/2901396/index.html

55   http://www.cio.de/karriere/2272495/index.html

56   Bittelmeyer, Andrea: Die Kunst der kleinen Kniffe. Zeitmanagement-ansatz Lifehacking. In: ManagerSeminare, Heft 184, Juli 2013, Seiten 52–57, hier Seite 53f

57   Bittelmeyer, Andrea: Die Kunst der kleinen Kniffe, a.a.O., Seite 55

58   Vgl. Schäfer, Frank, a.a.O., Seite 108–109

59   Interview mit Jochen Adler: Deutsche Bank – Bewegung aus Eigeninitiative. In: New Work Order, a.a.O., Seite 20

60   Eckkrammer, T.; Eckkrammer, F.; Gollner, H.: Agiles IT-PM im Überblick. in: Tiemeyer, E. (Hrsg.): IT-Projektmanagement. 2010. Gesehen unter http://blog.ibo.de/2012/07/13/agiles-projektmanagement-ist-wie-motorradfahren/

61   Gloger, Boris: Scrum. Produkte zuverlässig und schnell entwickeln. 3. Auflage. Hanser Verlag, München 2011, S.19

62   Wikipedia, Stichwort „Agile Softwareentwicklung". Siehe auch http://agilemanifesto.org/

63   http://www.gpm-ipma.de/know_how/studienergebnisse/status_quo_agile.html

64   IZA Research Report Nr. 51, Bonn, März 2013, Seite 17

65   Selle, Gert: Geschichte des Design in Deutschland. Frankfurt/Main: Campus, 2007, Seite 187f

66   Vgl. dazu Knoll: Im Haut- und Knochen-Stil. In: Der Spiegel 16/1960, Seiten 64 bis 75 und Lanfranconi, Claudia; Meiners, Antonia. Kluge Geschäftsfrauen. München: Elisabeth Sandmann Verlag, 2010. Kapitel zur Bürodesignerin Florence Knoll auf den Seiten 72–77

67   Friebe, Holm; Lobo, Sascha: Wir nennen es Arbeit. Die digitale Bohème oder: Intelligentes Leben jenseits der Festanstellung. München: Heyne 2008, Seite 150

68   Vgl. Kimmel-Fichtner, Tatjana: Abends wird der Schreibtisch leer geräumt. In: Zeit online, 11.1.2011

69   Vgl. NEON, „Glück statt Karriere", 6/2013, Seite 80

70   Daubek, Konrad: Ein Büro für alle. In: Financial Times Deutschland vom 11.1.2012, http://www.ftd.de/karriere/management/:open-space-konzept-ein-buero-fuer-alle/60150593.html?page=2

71   Vgl. dazu Sternberg, Esther M.: Heilende Räume. Die Wirkung äußerer Einflüsse auf das innere Wohlbefinden. Amerang: Crotona Verlag 2011. Seite 43

Anmerkungen

72 Rose, Nico; Fellinger, Christoph: Wir wollens anders. Arbeitswelt Y. In: ManagerSeminare, Heft 183, Juni 2013, Seiten 18 bis 23, hier Seite 20

73 Vgl. New Work Order, a.a.O., Seite 35

74 New Work Order, a.a.O., Seite 39

75 Bauer, Joachim, Warum ich fühle, was du fühlst. Intuitive Kommunikation und das Geheimnis der Spiegelneurone. Hamburg 2006

76 Hoffmann, Maren: „Den Anti-Schwerkraft-Raum konnten wir nicht bieten". In: Karriere-Spiegel vom 16.9.2012. http://www.spiegel.de/karriere/ausland/google-lee-penson-design-londoner-hauptquartier-a-849773.html

77 Golden, T. D.: The role of Relationships in Unterstanding Telecommuter Satisfaction. In: Journal of Organizational Behavior, 27, 2006. Zitiert nach New Work Order, a.a.O, Seite 35

78 http://www.sueddeutsche.de/karriere/yahoo-chefin-schafft-home-office-ab-mit-der-peitsche-zurueck-ins-buero-1.1609777 vom 25.5.2013

79 New Work Order, a.a.O., Seite 31

80 New Work Order, a.a.O., Seite 40

81 New Work Order, a.a.O., Seite 43

82 Spath, Dieter (Hg.): Arbeitswelten 4.0. Wie wir morgen arbeiten und leben. Stuttgart: Fraunhofer Verlag, 2012, Seite 27

83 Spath, Dieter (Hg.): Arbeitswelten 4.0., a.a.O., Seite 23

84 Gloger, Axel: Das Ende des Vorgesetzten, a.a.O., Seite 25

85 Werle, Klaus: „Sind Sie bereit, all die hässlichen Dinge zu tun?" Interview mit Anders Parment. In: Spiegel.de vom 20.4.2011 (Karriere-Spiegel) http://www.spiegel.de/karriere/berufsstart/junge-absolventen-sind-sie-bereit-all-die-haesslichen-dinge-zu-tun-a-758049.html

86 New Work Order, a.a.O., Seite 26; vgl. auch Rose, Nico; Fellinger, Christoph: Wir wollens anders, a.a.O., Seite 21

87 Dornes, Martin: Die Modernisierung der Seele. In: Psyche – Z Psychoanal 64, 2010, Seite 995–1033, hier Seite 1019

88 Vgl. dazu die Arbeiten von Alexander Brink, Professor für Wirtschafts- und Unternehmensethik an der Universität Bayreuth

89 Rose, Nico; Fellinger, Christoph: Wir wollens anders, a.a.O., Seite 22

90 Rose, Nico; Fellinger, Christoph: Wir wollens anders, a.a.O., Seite 20

91   Vgl. http://www.handelsblatt.com/unternehmen/buero-special/digital-natives-unverstandene-jungtalente/6695922.html

92   Werle, Klaus: „Sind Sie bereit, all die hässlichen Dinge zu tun?", a.a.O.

93   Peter Pawlowsky, Peter Mistele und Silke Geithner: Hochleistung unter Lebensgefahr. In: Harvard Business-manager, November 2005, S. 50–58. Vgl. auch Weick, Karl E.; Sutcliffe, Kathleen M.: Das Unerwartete managen. Wie Unternehmen aus Extremsituationen lernen. Stuttgart: Klett-Cotta, 2007

94   Arbeitswelten 4.0. a.a.O, Seite 19

95   Gössler, Martin, a.a.O.,Seite 63

96   Diese Liste variiert eine ähnliche Aufzählung aus: Neumann, Mario: Projekt Safari. Das Handbuch für souveränes Projektmanagement. Frankfurt am Main/New York: Campus Verlag, 2012, Seite 152 ff.

97   Zitiert nach New Work Order, a.a.O., Seite 27

98   Vgl. auch die Analyse von Olaf Hinz und Jan A. Poczynek in ihrem lesenswerten Beitrag *Wider die zunehmende Verdosung des Projektmanagements,* Seite 73 f., der ich hier teilweise folge

99   Vgl. Schäfer, Frank, a.a.O., Seite 100 und 163

100 Zit. nach Martens, Andree: Der innere Lotse. In: ManagerSeminare, Heft 185, August 2013, Seiten 39–44, hier Seite 39

101 So eine Formulierung von Daniel F. Pinnow, zit. nach Martens, Andree, a.a.O., Seite 40

102 Zit. nach Martens, Andree, a.a.O., Seite 40

103 Zit. nach Wir wollens anders, a.a.O., Seite 23

104 Dornes, Martin, a.a.O., Seite 110

105 Vgl. Wir wollens anders, Seite 22

106 Vgl. New Work Order, a.a.O., Seite 27 und Wir wollens anders, Seite 22

107 Bernhard Krusche, Torsten Groth, Reinhart Nagel, Thomas Schumacher: „Houston, we have a problem…": Überlegungen zur Aerodynamik moderner Organisationen. In: Revue für postheroisches Management, Heft 3, S. 72–80

108 Vgl. New Work Order, a.a.O., Seite 26

109 Interview mit Frank Roebers: Die Selbstorganisation. In: New Work Order, a.a.O., S. 27

Anmerkungen

110 Schäfer, Frank, a.a.O., S.131
111 Zit. nach Wir wollens anders, a.a.O., Seite 20
112 Bröckling, Ulrich, a.a.O., Seite 290
113 Bröckling, Ulrich, a.a.O., Seite 290
114 Bartmann, Christoph, a.a.O., Seite 245

Der Autor

Vortragender mit Visionen zum Angreifen

Als international gefragter Speaker, Unternehmer und Autor teilt Ronald Hanisch wegweisende Visionen für eine erfolgreiche Unternehmensplanung und für berufliche wie persönliche Veränderungen in der heutigen Zeit mit.

Welche Veränderungen stehen modernen Unternehmen bevor und welche Chancen liegen darin, sich vom Wettbewerb erfolgreich zu differenzieren? Von derlei Überlegungen ausgehend, unterstützt der Management-Experte und studierte Betriebswirt (MAS und MBA) Top-Unternehmen wie Magna, BMW, Chrysler, Liebherr, Deutsche Bahn, Bombardier und Philips.

Sein direkter Draht zu den Entscheidern der Wirtschaft und seine Erfahrung als Manager globaler Projekte machen sein strategisches Know-how auch für andere Unternehmen nutzbar. Mit innovativen und gleichwohl pragmatischen Denkansätzen. Parallel dazu agierte der Stratege und Visionär als internationaler Consultant, Trainer und Senior-Projektmanager. Durch seine Persönlichkeit und sein Wissen als international zertifizierter Senior-Projektmanager (IPMA Level B) begeistert Ronald Hanisch Unternehmer, Führungskräfte, Manager, Projektleiter und vor allem Menschen, die den Mut zur Veränderung haben.

Und als ehemaliger Spitzensportler weiß er auch: Man kann nur im Team gewinnen.

Ronald Hanisch: Der Management-Experte, der Erfahrung und Erfolg vereint.

Besuchen Sie die Webseite und erfahren Sie mehr, unter: www.ronaldhanisch.com

Der Autor